Gerhard Fasching
Ingrid Wertner

Sterne, Götter,
Mensch und Mythen

Griechische Sternsagen
im Jahreskreis

SpringerWienNewYork

Gerhard Fasching
o. Univ.-Prof. Dr. techn. habil., Technische Universität Wien, Österreich

Ingrid Wertner
Maria Enzersdorf bei Wien und Velden, Österreich

Das Werk ist urheberrechtlich geschützt.
Die dadurch begründeten Rechte, insbesondere die der Übersetzung,
des Nachdruckes, der Entnahme von Abbildungen, der Funksendung,
der Wiedergabe auf photomechanischem oder ähnlichem Wege
und der Speicherung in Datenverarbeitungsanlagen, bleiben,
auch bei nur auszugsweiser Verwertung, vorbehalten.

© 2000 Springer-Verlag/Wien
Softcover reprint of the hardcover 1st edition 2000

Satz: Reproduktionsfertige Vorlage
von Gerhard Fasching

Druck und Bindearbeiten:
Euroadria, Ljubljana

Gedruckt auf säurefreiem, chlorfrei gebleichtem Papier – TCF

SPIN: 10756352

Ein Titeldatensatz dieser Publikation ist bei
Der Deutschen Bibliothek erhältlich

ISBN-13:978-3-7091-7406-7   e-ISBN-13:978-3-7091-6773-1
DOI: 10.1007/978-3-7091-6773-1

INHALTSÜBERSICHT

Vorwort 1

Frühling 5
- Mythen des Frühling-Himmels 9
- Großer Bär, Bärenhüter und Jagdhunde 9
- Nördliche Krone 16
- Jungfrau 22
- Nördliche Wasserschlange, Rabe und Becher 28
- Löwe 29
- Großer Wagen und Bootes 34
- Zentaur 37

Sommer 45
- Mythen des Sommer-Himmels 49
- Drache 49
- Herkules 54
- Leier 60
- Schwan 66
- Adler und Pfeil 68
- Schütze 74
- Skorpion 79
- Schlange und Schlangenträger 81
- Steinbock 84

Herbst 87
- Mythen des Herbst-Himmels 91
- Kassiopeia, Cepheus, Andromeda, Perseus und Walfisch 91
- Pegasus und Perseus 100
- Fische und Steinbock 108

Wassermann und Adler 113
　　　Delphin 115

Winter 119
　　　Mythen des Winter-Himmels 123
　　　Perseus 123
　　　Fuhrmann 126
　　　Zwillinge 129
　　　Krebs 132
　　　Stier 136
　　　Widder 140
　　　Orion und Hase 142
　　　Großer Hund 148
　　　Kleiner Hund und Großer Wagen, Jungfrau und Bootes 151

Himmelskarten 157

Monatstabellen 175

Anhang 183
　　　Sternbildmythen und Naturwissenschaft 185
　　　Quellen über Verstirnungen 187
　　　Quellen und Schrifttum 195
　　　Glossar mythologischer Gestalten 201
　　　Register der Sternbilder 221
　　　Register mythologischer Gestalten 227

VORWORT

Vorwort

Das Buch versucht, etwas zu vereinen, was schon vor tausenden Jahren vereint war, heute aber weitgehend in Vergessenheit geraten ist. Es sind die *Sternbilder* gemeint, die man am Himmel sehen kann, die mit den *griechischen Sternmythen* in engem Zusammenhang stehen. Die Sternbilder beginnen durch diese Mythen zu leben, und die Mythen nehmen durch die Sternbilder räumliche Gestalt an. Der optische Eindruck verbindet sich also mit der Erzählung und der ganze Nachthimmel erscheint von Helden, Göttern und Bestien bewohnt.

Eine große Bärin sieht man mit ihrem mächtigen Schädel, mit Vorder- und Hintertatzen; sie trottet dahin. Und hinter ihr geht ein Bärenhüter, der Jagdhunde führt.

Und dort ist ein Drache mit weit aufgerissenem Rachen zu sehen, der einen Menschen bedroht - Herkules ist es. Auch ein liegender Löwe ist zu erkennen, der seinen Kopf stolz erhoben trägt - der bekannte Nemeische Löwe ist das.

Diese Figuren sind alle durch Erzählungen verbunden. Und das Schöne dabei ist, daß im Lauf des Jahres die Bühne wechselt! Im Frühling, Sommer, Herbst und Winter sind es andere Figuren, sind es andere Erzählungen, andere Götter, andere Bestien, andere Mythen, andere Frauen.

Mythen sind keine amüsanten Histörchen, sondern ernste, schicksalshafte Wirklichkeiten, die zum Teil auch tragische Komponenten enthalten. Man würde diesen Geschichten, die aus den entfernten Wurzeln unserer Kultur stammen, nicht gerecht werden, wenn man sie grundsätzlich mit amüsierter Distanz erzählte. Die mythologischen Gestalten waren für die Menschen jener Zeit eine ernste Wirklichkeit, die ihnen oft auch Anleitung für ihr tägliches Handeln gab. Daher wurde in diesem Text versucht, die Mythen in einer Sprache darzustellen, die der Erzählweise der Antike nahe kommt.

Viele Sternbilder sind seit Jahrtausenden in mythologische Erzählungen eingebunden. Von fast allen wird die Rede sein. Andere Sternbilder wiederum kommen in der Mythologie nicht vor; sie wurden in neuerer Zeit "erfunden". Deshalb wird man auch keine Mythen von den Sternbildern "Sextant", "Luftpumpe" und "Chemischer Ofen" erwarten.

Die Überschriften der mythologischen Erzählungen nennen die Namen der Sternbilder, auf die sich der Mythenbericht bezieht. Wir verwenden hier zumeist die deutsche Schreibweise, die auch in den Himmelskarten eingetragen wurde. Im Text der Mythen-Erzählung bevorzugen wir dagegen jene Bezeichnungen, die auch bei den mythologischen Berichten üblich sind. Beispielsweise trägt ein bekanntes Sternbild den Namen Herkules; im Text der mythologischen Erzählung wird bei uns dagegen der (griechische) Name Herakles verwendet.

Die Reihenfolge der mythologischen Erzählungen richtet sich im nachfolgenden Text nach der Reihenfolge, in der man die Sternbilder am Himmel mühelos auffindet. Himmelskarten und einführende Hinweise gehen dem Leser zur Hand, die Sternbilder des Frühling-, Sommer-, Herbst- und Winterhimmels zu entdecken und zu erkennen.

Der Reichtum mythologischer Erzählungen ist sehr groß. Es ist daher wohl selbstverständlich, daß nur ein kleiner Teil dieser bunten Fülle erzählt werden kann. Zu manchen Sternbildern gibt es mehrere, unterschiedliche mythologische Berichte. Zum Beispiel ist das Sternbild der Jungfrau in die Persephone-Hades-Erzählung eingebunden. Es ist aber das Sternbild der Jungfrau auch mit der Erigone, der Winzerstochter verknüpft, wobei das Sternbild des Großen Wagens jetzt einen Winzer-Karren darstellt. Unser Text würde allerdings zu unbeweglich werden und zuletzt vielleicht auch umständlich zu lesen sein, wenn man im Übereifer jedes Detail der Erzählungs-Varianten berücksichtigen wollte. Bald zeigt es sich auch, daß es eigentlich fast belanglos ist, ob man sich bei der Erzählung auf diesem oder auf jenem Nebenweg befindet. Die Grundgedanken der mythologischen Berichte und die mächtigen Bilder am Himmel, die man mit eigenen Augen sehen kann, entwickeln eine Dynamik, der man sich nur schwer entziehen kann. Sind wir hier nicht immer selbst gemeint, die wir in unserer eigenen, engen Wirklichkeit stehen? Bricht hier in unsere Welt etwas herein, was jede Wirklichkeit übersteigt? Die Mythen und die Sternbilder gehören zusammen, sie bringen uns eine Botschaft; *man muß sie hören und man muß sie auch sehen.*

Von Sternen, Göttern, Mensch und Mythen ist die Rede. Unser Buch bemüht sich, die ursprüngliche Einheit wieder herzustellen.

Ingrid Wertner und
Gerhard Fasching   11. Jänner 2000

FRÜHLING

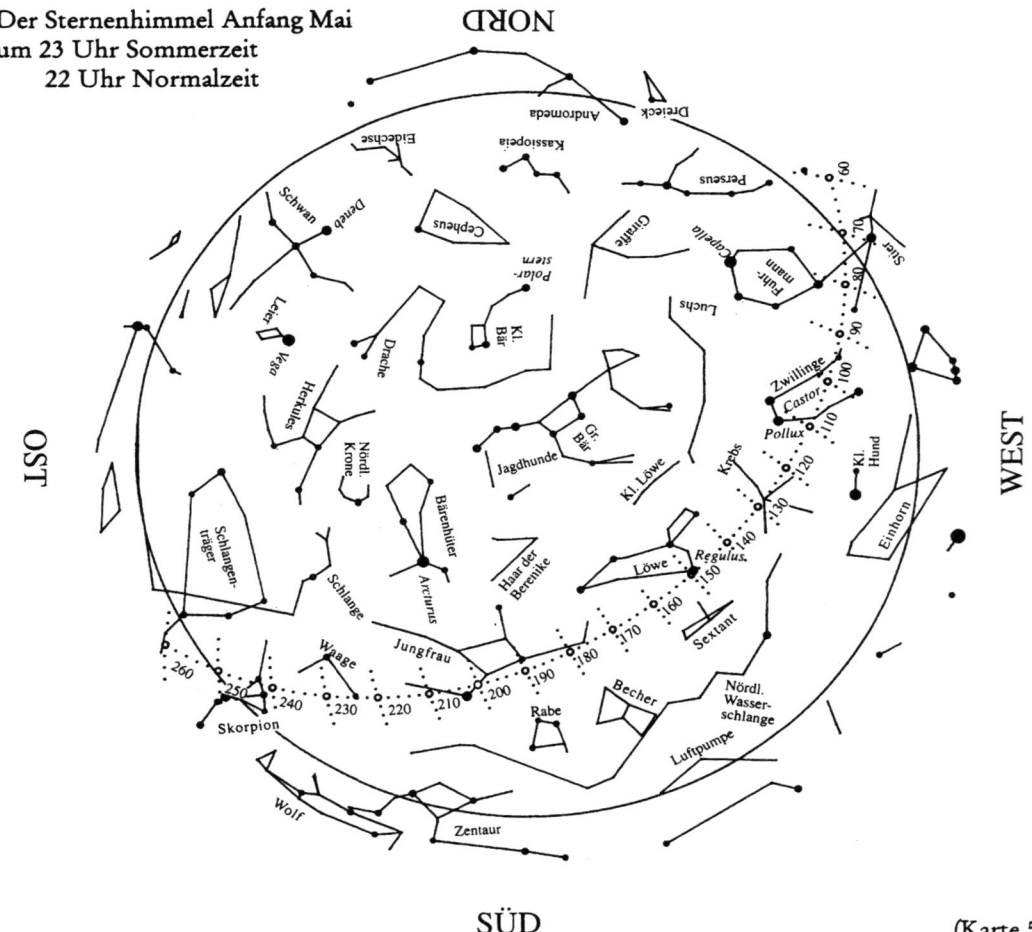

(Karte 5)

Frühling

Wie man die Sternbilder am Himmel auffindet und wie man die Himmelskarten richtig liest, wird am Ende des Buches ausführlich besprochen. Fürs erste genügt es zu wissen, daß der Mittelpunkt der kreisförmigen Karte jenen Teil des Himmels zeigt, der genau über dem Betrachter liegt.

Wendet man sich unter dem freien Himmel nach Süden, dann sieht man jene Sternbilder vor sich, die die untere Hälfte der Himmelskarte zeigt:

- Genau über dem Betrachter steht der *Große Wagen*. Wir sehen die krumme Deichsel und das Viereck, welches die Ladefläche des Wagens darstellt. Aber nicht nur ein Wagen ist es. Wenn man auch die schwächer leuchtenden Sterne in das Bild einbezieht, dann sieht man einen *Großen Bären*. Schwach leuchtende Sterne markieren den mächtigen Schädel und die Vorder- und Hintertatzen sind deutlich zu sehen.
- Hinter dem Großen Bären schreitet der *Bärenhüter*. Er steht im Südosten recht hoch am Himmel. *Bootes* wird er manchmal auch genannt.
- Der Bärenhüter führt die *Jagdhunde*, die hinter dem Bären dreinstöbern. Der untere ist recht gut zu sehen, aber der andere, der den Bärenschwanz schon fast zu fassen kriegt, ist oft nur undeutlich zu erkennen.
- Links vom Bärenhüter, also östlich von ihm, sieht man einen zarten Lichtbogen, mit einem hell leuchtenden Edelstein, es ist das die *Nördliche Krone*. Hephaistos, der hinkende Schmiedegott, hat sie einst aus feurigem Gold für Aphrodite geformt und mit indischen Edelsteinen verziert.
- Im Süden, in mittlerer Höhe, sind es blasse Sterne, in denen man das Sternbild der *Jungfrau* finden kann. Hingegossen liegt sie am Himmel, westwärts streckt sie ihre Arme, und nach Osten liegen entspannt ihre Beine. Der helle, bläulich-weiße Stern bei ihrem linken Knie wird seit Jahrtausenden Spica genannt: die Weizen-Ähre. Ist dieses Mädchen die Tochter der Fruchtbarkeitsgöttin Demeter?

Frühling

- Wenn der Horizont nicht durch dunstige Schleier verhangen ist, dann sieht man auch das weit ausgebreitete Sternbild der *Nördlichen Wasserschlange*. Zarte Sterne sind es, und so wird man sie manchmal nur schlecht erkennen. Aber schon viel deutlicher sieht man den *Becher* und links davon einen *Raben*, der sich vornüberbeugt - wer kennt nicht diese typische Stellung - und mit seinem scharfen Schnabel die Wasserschlange zu ergreifen droht.
- Im Südwesten sieht man in mittlerer Höhe das prächtige Sternbild des *Löwen*. Sein Körper ruht am Himmel und sein Haupt hat er erhoben und blickt westwärts. Ist der helle Stern - den Regulus meine ich - ein leuchtend weißer Fleck in seiner Mähne?
- Rechts, also westlich von der Jungfrau haben wir den Löwen gesehen. Links von der Jungfrau im Südosten liegt über dem Horizont das Sternbild der *Waage*. Zur Waage gibt es in der griechischen Mythologie nichts zu erzählen. Denn erst Caesar hat anläßlich der Einführung des Julianischen Kalenders das Sternbild der Waage neu gebildet. Vorher stellten diese Sterne die Zangen des Skorpions dar.
- Ganz tief im Süden kommt der bei uns nur sehr schwer sichtbare *Zentaur* über den Horizont.

MYTHEN DES FRÜHLING-HIMMELS

Kaum zieht Boreas, der schaurige Nordwind, sich in die hohen, eisigen Berge zurück, da streift schon Zephir mild über die unter den Strahlen der Sonne langsam erwachende Erde. Des Nachts herrschen noch Kälte und Frost, und die Sterne funkeln im klaren, gewichtslosen Äther. Groß wölbt sich die Himmelskugel über der Erde und erzählt uns in leuchtenden Bildern uralte Mythen von Göttern und Menschen, von Helden, Jägern und wildem Getier.

Großer Bär, Bärenhüter und Jagdhunde

Artemis, die Göttin der Jagd, auch der wilden Tiere zugleich, durchstreift mit ihrem Gefolge die weiten Wälder Arkadiens. Schon als dreijähriges Mädchen wurde sie von Zeus, ihrem Vater, gefragt, welche Geschenke sie von ihm wohl begehre. Schnell war die Antwort gegeben. Sie wünschte sich für die Jagd ein safrangelbes Gewand mit rot leuchtendem Saum, so viele Namen wie ihr Bruder Apollon sie hat, einen Pfeil und Bogen, gleich den seinen aus Silber und - man kann es kaum glauben - sie wünschte sich, ewig Jungfrau zu bleiben. Darüber hinaus erbat sie nur wenig: Eine Schar junger Mädchen zu ihrer Begleitung, alle Berge der Welt und einige Städte nach ihres Vaters Wahl und nicht zuletzt das Amt der leuchtenden Bringerin allen Lichtes. Stolz und zärtlich blickte Zeus auf seine wohlgeratene Tochter und gewährte ihr lächelnd das Erwünschte und noch vieles andere mehr. Nur bei dem Wunsche nach ewiger Keuschheit zögert er kurz. Wie könnte er dies auch verstehen!

Artemis erwählt sich darauf sechzig ozeanische Nymphen und zwanzig Nymphen vom Fluß zu ihrer Gesellschaft und verlangt von diesen, bei ihrem silbernen Bogen immerwährende Jungfräulichkeit zu geloben, so wie sie selbst es geschworen. Unter den Nymphen ist auch eine von besonderer Anmut, Kallisto, "die Schönste". Mädchenhaft unbeschwert begleitet sie Artemis auf ihren weitreichenden Jagden.

Doch da geschieht es, daß Zeus den Himmel umwandert, um die Zerstörungen wieder zu heilen, die Phaethon, der Sohn des Sonnengottes Helios, bei seiner unglücklichen Fahrt über den Himmel durch seinen Leichtsinn verschuldet.

Verwirrt durch die spöttischen Worte seines besten Freundes hatte Phaethon nämlich einen Beweis seiner göttlichen Herkunft verlangt. Seine Mutter schickte ihn darauf gegen Sonnenaufgang, weit draußen im Osten, zum golden schimmernden Palast des Gottes der Sonne, wo Helios purpurgewandet, von blendenden Strahlen umgeben, auf hohem Sitz thront. Freundlich empfing er den Jüngling und schwor, ihm als Zeichen seiner väterlichen Liebe jeden Wunsch zu erfüllen. Und Phaethon, der Lichthelle, erbat sich in jugendlichem Übermut kühn, einmal den Sonnenwagen über den Himmel lenken zu dürfen.

Erschrocken über dieses Begehren, versprach ihm der Vater alle Geschenke der Welt, wenn er auf dieses Verlangen verzichte. Er selbst habe oft Mühe, die ungestümen Rosse auf ihren Bahnen zu führen, wenn hitziger Übermut in ihnen erwacht. Doch Phaethon hörte kaum auf die Worte des Vaters und beharrte auf der Erfüllung des Wunsches. Da reute den göttlichen Vater der Schwur, den er bei den Wassern des Styx geleistet; denn einen beim Styx geschworenen Eid kann selbst Zeus nie mehr widerrufen.

Zögernd führte Helios den Sohn zu dem Sonnengefährt, das Hephaistos aus purem Golde gefertigt; die Speichen der Räder allein glänzten in Silber. Staunend stand Phaethon davor. Schon entflohen die Sterne und die Sichel des Mondes erbleichte, da befahl der Vater widerstrebend, die ungeduldig scharrenden Rosse vor den Wagen zu spannen. Phaethon bestieg frohlockend den goldenen

Artemis

Artemis war eine der großen olympischen Gottheiten, Tochter des Zeus und der Titanin Leto. Sie war Herrin der wilden Tiere, Göttin der Jagd und Beschützerin aller schwachen Wesen. Von ihrem Vater hat sie sich ewige Jungfräulichkeit gewünscht. Er hat ihr diesen Wunsch gewährt, auch wenn er ihn nicht verstehen konnte. Auf bildlichen Darstellungen wird sie oft von Hirschen und Vögeln begleitet.

Das Motiv stammt von einer attischen Vase, die im Ashmolean Museum in Oxford aufgestellt ist.

Wagen und Helios überließ dem Knaben voll Sorge die Zügel, nicht ohne ihm Rat und Ermahnung mit auf die gefährliche Reise zu geben.

Sobald von Tethys die Schranken geöffnet und die Bahn freigegeben, rasten die geflügelten Pferde mit feurigem Wiehern durch die Weite des Raums. Bald schon verlor der Jüngling die Herrschaft über den Wagen, denn Phaethon fehlte die Kraft, die Zügel der dahinstürmenden Pferde so wie sein Vater zu halten. Sobald die Sonnenrosse das spürten, brachen sie aus. Von ihren Schwingen getragen, wirbelten sie durch die Lüfte und zerrissen mit ihren Hufen die entgegentreibenden Wolken. Auf ungebahnten Wegen stürmte das Sonnengefährt bald hoch hinauf zu den Sternen, bald allzu nahe hinab zu der Erde, so daß die unermeßliche Hitze der Sonne Feuer in den Wäldern, Städten und auf den Feldern entzündete. Selbst Flüsse und Seen vertrockneten in der entsetzlichen Glut. Bald hüllte der unermeßliche Brand Phaethon mit dichtem Rauch und Funkenflug ein.

Stöhnend bat die gequälte Erde den höchsten der Götter um Hilfe. Da rief Zeus die anderen Götter auf als Zeugen einer Pflicht, die zu erfüllen er nun gezwungen, und er schleuderte unter dröhnendem Donner seinen dreizackigen Blitz auf den Lenker des Wagens. Phaethon stürzte tödlich getroffen mit rot brennenden Haaren wie ein glühender Meteorstein durch die Weite des Luftraums in den Fluß Eridanos. Helios, sein Vater, verhüllte voll Kummer sein Haupt und ein Tag verging ohne Sonne und Licht.

Sobald Helios seine Strahlen wieder entsendet, blickt Zeus prüfend hinab auf die Erde. Erschreckend ist, was er erblickt; noch immer quillt Rauch aus den verwüsteten Häusern, aus den versengten Feldern, den verdampften Seen. Sogleich steigt er herab und stellt die vertrockneten Quellen wieder her und die Flüsse, und läßt erneut die Erde ergrünen.

Frühling

Arkadien ist ihm dabei besonders angelegen. Vielleicht auch wegen der lieblichen Jungfrau, die er im Schatten der Bäume auf grasbedecktem Boden liegend erblickt, wo sie sich, den Kopf auf ihren bunt bemalten Köcher gelehnt, von der Hitze des Tages erholt. Heißes Begehren erfaßt Zeus wie Feuer beim Anblick der schönen Nymphe. Es bleibt ein Geheimnis, ob er sich ihr in der Gestalt der Artemis oder in der ihres Zwillingsbruders Apollon genaht. Sie umschlingend raubt er ihr Küsse, wie sie einer Jungfrau, auch einem Bruder nicht ziemen, und gibt sich so selbst zu erkennen. Kallisto wehrt sich, als die Leidenschaft ihr verdächtig erscheint, so sehr, wie eine Frau es vermag; doch wer könnte Zeus widerstehen, dem unsterblichen Gott. Siegreich kehrt der Verführer zum hohen Himmel zurück, doch Kallisto ist der Wald mit den wissenden Bäumen verhaßt.

Als Artemis, die stolz von erfolgreicher Jagd zurückgekehrt ist, sich mit ihrem Gefolge zu neuen Zielen auf den Weg macht, folgt ihr Kallisto errötend und mit zu Boden gesenktem Blick.

Kein Geheimnis sollten die Folgen dieser Liebesstunde bleiben. Matt von der Jagd und von den heißen Strahlen der Sonne erhitzt, erfrischen sich die Jägerinnen eines Tages an einem schattigen Ort in kühlem Quell. Vergeblich versucht Kallisto, ihren Zustand voll Scham zu verbergen. Der Zaudernden nimmt man das Kleid, und die Wölbung des Leibes offenbart ihren Wortbruch. Voll Zorn weist Artemis die schuldlos schuldig Gewordene aus dem Gefolge ihrer jungfräulichen Jägerinnen fort.

Zehnmal schließt der Mond seinen Kreis, da gebiert Kallisto das Kind, einen Knaben; Arkas wird er genannt. Als Hera, die Gattin des Zeus, von der Geburt dieses Sohnes ihres treulosen Mannes erfährt, rast sie vor Zorn. Sie faßt die Nymphe über der Stirn bei den Haaren und reißt sie vornüber zu Boden. Flehend erhebt die junge Mutter die Hände, doch schon krümmen sie sich zu Pranken, und das Antlitz, das Zeus einst pries, wird von einem schrecklichen Rachen entstellt. Langsam verwandelt sich die Schönste der Nymphen in eine zottige Bärin. Auch wird ihr die Sprache geraubt, ein Brummen nur stößt sie aus rauher Kehle hervor. Doch bleibt ihr Verstand wie bisher. Stöhnend hebt sie die Tatzen zu den Sternen am Himmel empor und schmerzlich, unaussprechbar kreisen ihre Gedanken um den Undank ihres Verführers.

Wie oft wagt sie es nicht, allein in den Tiefen des Waldes zu ruhen, und wie oft flieht sie vor den Jägern und der Meute der bellenden Hunde. Entsetzt verbirgt sie sich, vergessend, daß sie selbst eine Bärin, vor dem Anblick von Bären und anderem wilden Getier.

Arkas, ihr Sohn, der die Mutter nicht kennt, ist - betreut von Maia, der Mutter des Hermes - in dreimal fünf Jahren herangewachsen. Als er mit seinen Hunden, Chara und Asterion, jagend die Wälder und Schluchten am Erymanthos durchstreift, trifft er auf seine Mutter. Die Bärin bleibt stehen wie in jähem Erkennen und heftet unverwandt die Augen auf ihn. Da weicht Arkas furchtsam vor ihren Blicken zurück. Die Bärin versucht, sich Arkas noch weiter zu nahen, da spannt der Sohn den Bogen mit dem tödlichen Pfeil, um dem Untier die Brust zu durchbohren. Doch der allgegenwärtige Zeus, sein Vater, hält ihn zurück. Mit einem Windstoß entführt er sie beide gemeinsam mit den jagenden Hunden durch die Weite des Raums und setzt sie an den Himmel als Nachbargestirne.

Voll Grimm, daß Kallisto zum Lohn für die Unzucht nun leuchtend am Himmel erstrahlt, steigt Hera hinab ins Meer zur vom Alter ergrauten Tethys und zu Okeanos, dem greisen Gott, und bittet diese, die Sterne der Bärin nie in die bläuliche Tiefe des Weltenstromes tauchen zu lassen. Die Götter nicken Gewährung. Von bunten Pfauen gezogen, fährt Hera zufrieden im leichten Wagen zum hohen Himmel zurück.

Seither zieht Kallisto als zottige Bärin, gefolgt von Arkas, dem Bärenhüter, und den jagenden Hunden, jede Nacht ihre Kreise hoch oben im Norden, und nie benetzt ihren Fuß die heilige Flut.

Nördliche Krone

Auf der blühenden Insel Kreta, wohin einst Zeus die junge Europa entführte, herrscht deren gemeinsamer Sohn Minos als mächtiger König. Er hat den Athenern als Sühne für den Tod seines Sohnes Androgeos einen grausamen Tribut auferlegt. Androgeos, auf Besuch in Athen, hatte nämlich auf Geheiß des athenischen Königs Aigeus versucht, das Land von dem wütenden kretischen Stier zu befreien und dabei unglücklich den Tod gefunden.

In jedem neunten Jahr muß seither die Stadt Athen sieben Jünglinge und sieben Jungfrauen als Opfergabe nach Kreta schicken. Kaum gelandet, werden sie in das von Daidalos kunstvoll erbaute Labyrinth weggebracht, das unzählige Kammern in sich kraus verschlingenden Gängen enthält. In dessen Mitte lebt eingeschlossen der zwiegestaltige Minotauros, der nur darauf wartet, die verzweifelten Opfer voll Gier zu verschlingen. Ein riesiger Stierkopf sitzt auf den Schultern seines menschlichen Körpers. Dieses unheimliche Wesen ist die Frucht der sündigen Liebe von Pasiphae, der Gattin des Minos, zu einem weißleuchtenden, dem Meere entstiegenen Stier. Wen mag es verwundern, daß Minos, die Schmach des Geschlechts zu verbergen, ihn aus dem Haus und in die Tiefe des finsteren Labyrinthes verbannte.

Neun Jahre sind wieder vergangen und unter Tränen werden die Mädchen und Knaben erwählt, die dieses Jahr zum Opfer bestimmt.

Theseus

In der letzten Kammer im untersten Winkel schläft Minotauros. Beim Schein des Kranzes, den Ariadne hält und der ein seltsames Licht in die Finsternis strahlt, ergreift Theseus das Ungeheuer und stößt ihm das Schwert tief in die Brust.

Das Motiv stammt von einer attischen Vase aus der Zeit um 490 v. Chr., die im Britischen Museum in London verwahrt ist.

Nördliche Krone

Minos ist selbst übers Meer gekommen, um die unglücklichen jungen Athener zu holen. Da meldet sich Theseus, der mutige Held, ein Sohn des Aigeus oder vielleicht doch des Meeresgottes Poseidon, und bietet sich selbst als Fünfzehnter an. Er stellt jedoch die Bedingung, daß den Athenern die Sühne erlassen werde, sollte es ihm gelingen, den Minotauros zu töten. Minos stimmt zu und bald stechen die Schiffe in See.

Während der Fahrt verliebt sich der kretische König heftig in eines der zierlichen Mädchen. Wohllüstig berührt er ihre weißen, unschuldigen Wangen und bedrängt sie voll Feuer. Theseus' Augen werden dunkel vor Zorn und er verteidigt als Sohn von Poseidon die Ehre der Jungfrau. Minos bezweifelt höhnisch dessen göttliche Herkunft und begehrt einen klaren Beweis. Theseus hingegen verlangt, daß Minos, der angeblich von Zeus mit Europa Gezeugte, sich zuvor als Sohn des großen Gottes erweise. Unverzüglich ruft Minos Zeus zum Zeugen an für seine Geburt. Ein dreifacher Blitz quer über den Himmel und grollende Donner sind die göttliche Antwort. Lachend zieht nun der König seinen goldenen Ring von dem Finger und schleudert ihn im hohen Bogen weit hinaus in die See. Als Sohn des Poseidon werde es Theseus spielend gelingen, den Königsring aus der Tiefe wiederzubringen. Und der Jüngling springt ohne Zögern hinab in das schäumende Meer. Sogleich sind Delphine zur Stelle und geleiten ihn hinunter zum Palast des Poseidon. Der Gott ruht prächtig auf seinem Lager, neben ihm lächelt Amphitrite auf goldenem Thron, während sich vor ihren Augen die Nereiden im Reigentanz wiegen. Ihr mit goldenen Bändern geschmücktes Haar schwebt schimmernd im bläulichen Naß. Theseus erschrickt vor dem Glanz, der wie Feuer die Glieder der Nereiden umstrahlt. Freundlich empfängt die Meeresgöttin den Sohn ihres Gatten und schickt, kaum hat sie den Auftrag des Jünglings vernommen, die Meermädchen aus, nach dem goldenen Ringe zu suchen. Die Göttin legt Theseus ein Purpurgewand um die Schultern und setzt ihm eine Krone aus goldenen Rosenblüten aufs Haar. Hephaistos hat einst diese Krone für Aphrodite aus feurigem Gold und roten indischen Edelsteinen geformt, und Aphrodite selbst schenkte später das strahlende Kleinod an Amphitrite, als diese sich mit Poseidon vermählte. Die leuchtende Krone auf den meerfeuchten Locken und den goldenen Ring des Minos an seiner Hand, taucht Theseus aus den Wogen des Meeres neben dem Schiffsrumpfe auf. Jauchzend wird er begrüßt und hat seine göttliche Herkunft aufs wunderbarste bestätigt.

Als das Schiff endlich den Hafen von Kreta erreicht und die jungen Athener fremden Boden betreten, verliebt sich Ariadne, die Tochter des Minos, auf den ersten Blick leidenschaftlich in den starken, strahlenden Theseus. So sehr ist sie in Liebe entbrannt, daß sie gänzlich vergißt, daß man sie kurz zuvor Dionysos, dem Gott des Weines, als Braut versprochen und angelobt. Theseus zuliebe ist sie zu allem bereit, sogar ihm zu helfen, ihren Bruder, den Minotauros, zu töten. Ariadne verlangt jedoch vom mutigen Theseus, sie für ihre Hilfe als Braut nach Athen heimzuführen. Freudig verspricht dies der Jüngling und schenkt ihr als Zeichen der Liebe den Kranz mit den goldenen Blüten.

Ariadne reicht Theseus, der es als erster wagt, freiwillig in das Dunkel des Labyrinthes zu dringen, einen zum Knäuel aufgewickelten Faden. Auf ihren Rat hin befestigt er das eine Ende des Fadens hoch oben am Türstock des Eingangs und rollt das Knäuel im Gehen vorsichtig ab. In der letzten Kammer im untersten Winkel schläft Minotauros. Beim Schein des Kranzes, den Ariadne hält und der ein seltsames Licht in die Finsternis strahlt, ergreift Theseus das Ungeheuer am Stirnhaar und stößt ihm das Schwert tief in die Brust. Entlang des Fadens finden beide schnell den Weg zurück an das Licht. Als Theseus mit Blut befleckt aus dem verschlungenen Bau wieder hervorkommt, empfangen ihn die jungen Athener mit lauten Freudenrufen.

Nördliche Krone

Doch die Zeit drängt und bald haben sie gemeinsam den Hafen erreicht. Sie zerschlagen die Böden aller kretischen Schiffe und setzen eilig die Segel. Schon hören sie die Männer des Königs nahen, denn ihre Flucht ist inzwischen entdeckt. Mit Mühe entkommt ihr Schiff der Verfolgung, und endlich legen sie nach weiter Fahrt in Naxos an zu längerer Rast.

Gleich in der ersten Nacht, so wird es manchmal erzählt, erscheint Dionysos dem schlafenden Theseus im Traum und fordert drohend Ariadne für sich. Der erschreckte Jüngling verläßt seine Braut und sticht mit den Gefährten eilends in See. Ariadne liegt tief im Schlafe gefangen, während sich das Schiff mit den Geretteten leise entfernt.

Als Ariadne erwacht, findet sie sich allein und verlassen in fremdem Land. Bitter klagend fleht sie verzweifelt zu Himmel und Erde, das an ihr begangene Unrecht zu rächen, und Zeus nickt gütig Gewährung. Da kommt Dionysos mit seinem fröhlichen Gefolge, nicht zufällig scheint es, des Weges. Ohne zu zögern, ist er zur Heirat mit der ihm schon längst Versprochnen bereit. Und er tröstet die Unglückliche so, daß ihr zuletzt des Theseus' Verrat als glückliche Fügung erscheint. Froh ist sie nun über zärtliches Eheglück.

Die Jahre gehen ins Land und eines Tages kehrt Dionysos von einem Kampf gegen die Inder mit reicher Beute zurück. Darunter befinden sich auch schöne und liebliche Frauen, deren Haarpracht bis zu den Hüften herabwallt. Und besonders eine Königstochter ist es, die ihm über alle Maßen gefällt. Noch einmal durchlebt Ariadne die Qual des Verrats. Am buchtigen Strand wandelt sie weinend auf und ab, das Haar gelöst und ihr Schicksal beklagend. Schmerzhaft brennt die Liebe zu dem Gotte in ihr, der oftmals schon ihr den Himmel versprochen. Durch Zufall ist er den Spuren Ariadnes gefolgt und hat die Worte der Klage vernommen. Zärtlich legt er den Arm um sie, trocknet ihre Tränen mit Küssen und spricht: Laß uns zum Himmel empor beide nun steigen. Dich wird mit mir das Lager verbinden, verbinden der Name.

Er nimmt ihr vom Haupt den goldenen Kranz und wirft ihn durch den Äther zum Himmel empor. Auf seinem Flug durch die Lüfte verwandeln sich die Steine in glänzende Sterne. Als goldene Krone mit neun leuchtenden Juwelen strahlt er nun des Nachts herab auf die Erde.

Jungfrau

Tief im schattigen Tal, nahe bei Henna, liegt abgeschieden ein lieblicher See. Wald umkränzt das Gewässer und wie mit einem Schleier halten die Blätter das brennende Sonnenlicht fern. Kühlung spenden so die kräftigen Zweige und buntes Blühen gedeiht darunter auf feuchtem Grund. Immerwährender Frühling herrscht hier an glücklichem Ort.

Persephone, die Tochter der schönbekränzten Demeter und des mächtigen Zeus, läuft barfuß mit ihren Gespielinnen quer durch die saftigen Wiesen, wo unzählige Blumen in allen Farben erstrahlen. Die Blüten erfreuen die Herzen der Mädchen und bald füllen Krokus und Rosen, der wilde Mohn und auch Amaranth die Körbe aus biegsamen Flechtwerk, den Bausch des leichten Gewandes. Persephone selbst sammelt Veilchen und weiße, schimmernde Lilien. Entzückt schreitet sie immer weiter und hat sich gedankenverloren von ihren Freundinnen weit schon entfernt. Keine aus der fröhlichen Schar ist dem Mädchen gefolgt.

Da erblickt Persephone eine Blume, die sie nicht kennt. Süßen Duft verbreitet die seltsame Pflanze und hundert Blüten sprießen aus ihrer Wurzel. Bei ihrem Anblick lachen Himmel und Erde, ja selbst die salzigen Fluten des Meeres.

Nymphen

waren weibliche Naturgottheiten, die in den Bergen und Grotten, im Meer und in Quellen und Teichen wohnten. Eine Tochter des Meergottes Nereus war Thetis, die wie ihr Vater die Fähigkeit besaß, ihre Gestalt zu verwandeln. Als Löwin und als Schlange zeigte sie sich einst ihrem unerwünschten Freier (Peleus), um ihn zu vertreiben.

Das Motiv stammt von einer rotfigurigen Schale aus dem 5. Jahrhundert v. Chr. Das Original steht in der Staatlichen Antikensammlung in München.

Jungfrau

Um das unschuldige Kind zu verführen, hat Zeus seinem Bruder Hades zuliebe, dem mächtigen Herrscher der Unterwelt, eine große, dunkelblaue Narzisse erschaffen. Erstaunt greift das Mädchen mit beiden Händen nach dem duftenden Wunder und fährt sogleich erschrocken zurück.

Denn auf hat sich die Erde getan und Hades, der Herr des finsteren Reiches, springt mit seinen unsterblichen, nachtblauen Rossen hervor. Er ergreift das widerstrebende Mädchen, das mit verzweifelter Stimme nach seiner Mutter, seinen Gefährtinnen ruft, und hebt sie auf seinen Wagen. Doch niemand hört ihre Stimme, kein Gott und kein Mensch; kein Vogel regt sich, kein Baum. Mit seiner Beute jagt der Entführer auf seinem goldenen Gefährt wie im Fluge davon. Wild feuert Hades sie an, seine schrecklichen Rosse, ruft sie mit Namen und läßt die dunklen Riemen der Zügel immer wieder schmerzhaft auf ihre Hälse und Mähnen herniedersausen. Er rast durch den heiligen See bis hin zu den Quellen, wo ihm Kyane, Siziliens berühmteste Nymphe, mit weit ausgebreiteten Armen Einhalt gebietet, um das Mädchen zu retten. Nun kann der Gott seinen Zorn nicht mehr zügeln, er schwingt sein Szepter mit kräftigem Arm und schleudert mit Macht es mitten hinein in den Strudel bis auf der Quelle entferntesten Grund. Die Erde klafft auf und gibt stöhnend den Weg in die Unterwelt frei. Der dunkle, offene Schlund verschlingt den abwärts rasenden Wagen.

Angstvoll rufen inzwischen die Gespielinnen und die weinende Mutter nach dem verschwundenen Mädchen. Vergeblich sucht Demeter, die Göttin des Akkerbaus und der Früchte, in allen Landen die Tochter, in den Klüften und Höhen der Berge, in den Tiefen des Meeres. Rastlos eilt die Göttin mit zwei am Ätna entzündeten Fackeln durch die sternkalte Nacht. Welche Länder und Meere sie auch klagend durchirrt, erfolglos ist ihr verzweifeltes Suchen und sie kehrt erschöpft nach Sizilien zurück. Da entdeckt sie auf den Wellen der kyanischen Quelle, dort, wo Hades mit seinem Gefährt in die Tiefe gestürzt, schwimmend

Persephones Gürtel. Demeter, erneut voll Leid, als ob ihr die Tochter gerade entrissen, zerrauft ihr göttliches Haar und schlägt sich die Brust mit den Händen wieder und wieder.

Undankbar schilt sie die Länder, sie seien ihrer reichen Gaben und Früchte nicht würdig. Vor allem Sizilien klagt sie an, wo sie die letzte Spur der Tochter entdeckt, und sie zerbricht mit wütender Hand die schollenwendenden Pflüge. Im Zorn weiht sie die Bauern und deren Tiere dem Tod, verdirbt die Samen und läßt die Saaten im ersten Sprießen verderben. Da taucht Arethusa, die Nymphe, mit tropfendem Haar aus den Wogen und bittet Demeter, das maßlose Leid zu beenden, denn nichts habe die Erde verschuldet. Beenden könne Demeter ihr rastloses Suchen, denn mit eigenen Augen habe sie Persephone in der Unterwelt gesehen, traurig zwar noch mit erschrockenem Antlitz, doch Gattin schon von Hades, dem Herrscher der Tiefe. Herrin und Gebieterin ist Persephone nun im schattigen Reich.

Wie erstarrt hört die leidende Mutter die Worte, lange steht sie ohne Bewegung. Doch als die tiefe Betäubung weicht, fährt sie in ihrem Wagen hoch in die Luft und tritt grollend mit düsteren Blicken und gelöstem Haar hin vor Zeus. Sie klagt und bittet den Vater ihrer gemeinsamen Tochter um Hilfe gegen den wilden Entführer, seinen eigenen Bruder. Zeus, der so schnell in Lust und Liebe Entflammte, sieht keinen Frevel in diesem Raub, sondern, wie könnte es anders auch sein, eine Tat der Liebe vielmehr. Er selbst würde sich solch eines Eidams nicht schämen. Doch ist er auf den dringenden Wunsch Demeters bereit, das Mädchen in den Himmel zu holen, sofern dort unten ihr Mund noch keine Speise berührt. Denn jeder, der von Hades einmal Speise genommen, ist für immer zu einem Leben in der Tiefe verdammt; so ist es von den Schickalsgöttinnen, den Moiren, bestimmt.

Jungfrau

Sicher ist nun die Göttin, die Tochter bald wiederzusehen. Doch Persephone hat arglos bereits ihr Fasten gebrochen, als sie, die kunstvollen Gärten im Hades durchschweifend, von einem krummen Baum einen Granatapfel gepflückt. Sieben Kerne entnahm sie der gelblichen Schale und zerdrückte sie kauend im Mund.

Zeus, als gerechter Mittler zwischen dem Bruder und der trauernden Schwester, teilt hierauf den Jahreslauf in zwei Hälften; und Persephone soll, als gemeinsame Gottheit nun von zwei Reichen, fortan gleich viele Tage mit der Mutter wie mit dem Gatten verbringen. Da verwandelt sich des Mädchens trauriges Antlitz, und ihre Stirn, die eben zuvor auch ihrem Gatten noch traurig erschien, strahlt wie die Sonne. Und Hades, der Gott mit den dunklen Locken, gewährt seiner Gattin die sofortige Heimkehr zur Mutter. Kaum kann er ein Lächeln verbergen, als er die kindliche Freude Persephones sieht. Der Gott verspricht, ihr kein unwürdiger Gatte zu sein. Wann immer sie wieder bei ihm weilt im schattigen Reich, wird sie an seiner Seite über alles Lebendige herrschen und hochgeehrt sein unter den Göttern.

Schon spannt Hermes die unsterblichen Rosse vor den goldenen Wagen und Persephone besteigt freudig das stolze Gefährt. Zügel und Peitsche in seiner Hand, treibt Hermes die Rosse aus dem Palast. Gerne fliegen sie über Schluchten und Klippen hinweg und erreichen bald die ungeduldig wartende Mutter. Glücklich umarmen sich beide, vereint für bemessene Zeit.

Endlich, nachdem alles berichtet, verläßt Demeter - die Göttin mit den schönen Fußgelenken wird sie bewundernd auch manchmal genannt - den hohen Himmel und betritt wieder die von ihr so grausam bestrafte Erde. Öde liegen die Felder, die Weiden, ohne Früchte das ganze Land. Wenn sie jetzt leichten Fußes über die Erde eilt, sprießen neu die vertrockneten Felder und bald bedeckt schwer sich mit Halm und Blüte die breitbrüstige Erde.

So viele Monde lang strahlt nun das Bild der göttlichen Jungfrau vom Sternenzelt, wie sie mit der Mutter glücklich vereint. Dann steigt Persephone zögernd hinab in das schattige Reich, wo sie an der Seite ihres mächtigen Gatten göttliche Ehren genießt.

Nördliche Wasserschlange, Rabe und Becher

Apollon, der Gott der Heil- und Dichtkunst, aber auch der Musik, bereitet alles vor zum heiligen Fest für seinen Vater, den mächtigen Zeus. Und eilig schickt er den Raben aus, für das Opfer klares Wasser aus lebendiger Quelle zu holen. Den Becher aus purem Golde fest zwischen den Krallen, streicht der Vogel am Himmel dahin. Da gewahrt er tief unter sich einen Baum voller Feigen. Gleich dreht er ab und zieht einen Bogen zur Erde. Doch die Frucht ist noch unreif und hart und so läßt er sich, den Auftrag vergessend, unter den Zweigen nieder und wartet geduldig bis mit der Zeit die Feigen reif geworden und süß. Gesättigt greift er sich dann eine Schlange und bringt sie Apollon als Grund für sein lange dauerndes Säumen: Die Wasserschlange habe den Lauf der Quelle gehemmt. Der Gott, dessen Auge bis in die entferntesten Tiefen der Erde zu blicken vermag, hat gleich die freche Lüge durchschaut und gebietet, daß keine Quelle dem Vogel einen kühlenden Trunk mehr dürfe gewähren, solange der Baum noch voll hängt mit den milchigen Feigen.

Als bleibendes Zeugnis für diese Untat sind der Rabe, der Becher und die Wasserschlange - ganz unschuldig kommt sie zu dieser Strafe - nun jedem für alle Zeiten mahnend am Himmel zur Schau gestellt.

Löwe

Im Schatten der Berge, nicht weit von Tiryns und Mykene entfernt, liegt das liebliche Tal von Nemea. Ein schrecklicher, unbesiegbarer Löwe haust hier in den Wäldern und bedroht Mensch und Getier. Kaum mehr wagen es die Bewohner, den dunklen Wald zu betreten, das fruchtbare Land zu bestellen. Hera, die strenge Gattin des mächtigen Zeus, war es, die den Löwen gegen die Menschen gesandt; denn sträflich vernachlässigt hatten die Bewohner von Nemea die der hohen Göttin gebührenden Opfer.

Echidna, ein Wesen, das zur Hälfte eine schöne Frau, zur Hälfte aber ein schrecklicher Drache ist, hat ihrem eigenen Sohn, dem zweiköpfigen Hunde Orthros, den gefährlichen Löwen geboren. Wie geschwätzige Stimmen jedoch heimlich berichten, ist der Löwe vielmehr ein Sohn der Selene, der blassen Göttin des Mondes, die ihn unter furchtbarem Erschauern zur Welt gebracht. Erschreckt durch sein gefährliches Raubtiergesicht, schüttelte sie das Neugeborene sogleich von sich ab. Auf den Berg Tretos, den Durchbohrten, ist der Löwe gefallen, gleich neben seine jetzige Behausung, eine Höhle, die Ausgänge nach zwei Seiten besitzt.

Unverwundbar ist der riesige Löwe, denn das Fell des Tieres ist hart und geschmeidig wie Stahl und so gegen jeden Angriff gefeit. Nichts kann es durchdringen, weder Eisen, noch Bronze oder geschliffener Stein. Doch am meisten gefürchtet sind die scharfen, alles durchschneidenden Krallen, mit denen der Löwe seine Opfer zerfleischt, denn härter noch sind sie als der härteste aller Diamanten der Welt.

Diesen Löwen zu töten, ist die erste der zwölf Aufgaben, die Herakles für Eurystheus, den König von Mykene, vollbringen muß.

Frühling

Auf seinem Weg nach Nemea gelangt der Held zu Molorchos, einem armen Taglöhner und Bauern, der am Rande der Wälder bescheiden in einem kleinen Haus wohnt. Der beutegierige Löwe hat seinen Sohn grausam zerrissen, und tief ist noch immer die Trauer des Vaters.

Gastfreundlich nimmt der stille Molorchos Herakles auf und ist sogar bereit, den Gast durch die Schlachtung des einzigen Widders zu ehren. Doch Herakles hält ihn zurück und bittet ihn, dreißig Tage zu warten. Sei er bis dahin wiedergekehrt, solle er den Widder Zeus, dem Retter, zum Opfer darbringen; unterliegt jedoch Herakles im Kampf gegen den Löwen, dann möge der Bauer das Tier ihm selbst, dem getöteten Herakles, opfern.

Am nächsten Morgen schon begibt Herakles sich auf die Jagd nach dem gefürchteten Löwen und erreicht zur Mittagszeit jene Gegend, wo er das Raubtier vermutet. Verlassen liegt der Wald, liegen die Felder vor seinen Augen, kein lebendiges Wesen scheint hier zu leben. Die Menschen haben sich zitternd vor Angst und Schrecken versteckt oder ihr Leben bereits durch den Löwen verloren. Auch die meisten Tiere sind Opfer des Löwen geworden; die wenigen Überlebenden haben sich tief in ihren Höhlen und in undurchdringlichem Buschwerk verkrochen. Den unwegsamen Wald durchstreifend, schaut Herakles vergeblich aus nach den Spuren des Tieres und besteigt zuletzt den von Höhlen durchzogenen Tretos. Da erblickt er den Löwen. Mit kraftvollem, weichem Schritt kehrt das riesige Tier von seinem Raubzug blutbefleckt zu seiner Höhle zurück. Schon hat der Held seinen Bogen gespannt und schießt einen Schauer von Pfeilen, die ihm Apollon geschenkt, aus sicherer Entfernung ab gegen den Löwen. Doch sie prallen von seinem unverletzbaren Felle ab und fallen kraftlos zu Boden. Ohne auch nur die Berührung eines einzigen Pfeiles wahrgenommen zu haben, streckt das gesättigte Tier seine kräftigen Glieder, gähnt und leckt sich sein blutiges Maul. Nun stürzt Herakles aus seinem Versteck hinter Gebü-

Herakles

Herakles ringt mit dem unverwundbaren Löwen, der im Tal von Nemea Menschen und Tiere bedroht. Nur in einem Ringkampf kann er den Löwen besiegen, gegen alle anderen Waffen ist das Raubtier gefeit.

Das Motiv ist auf einer attischen Vase zu finden, die etwa 560 v. Chr. entstanden ist.

schen hervor, springt auf den Löwen zu und schlägt mit seinem Schwert auf ihn ein. Doch die Waffe biegt sich beim Anprall, als wäre sie Spielzeug aus weichem Blei.

Da greift der Löwe unter lautem Gebrüll unvermittelt den Herakles an. Mit bloßen Händen und seiner Keule aus hartem Olivenholz setzt sich der Held mutig zur Wehr. Er hämmert auf den Löwen ein und schlägt dem Tier auf das Maul, wobei seine Keule zerbricht. Verärgert schüttelt der Löwe seine mächtige Mähne und zieht sich in die Höhle zurück. Schnell verschließt Herakles den einen Eingang mit Stämmen von Bäumen und grobem Geröll und wagt sich dann durch den anderen in die Höhle hinein. Nur in einem Ringkampf kann Herakles den Löwen besiegen, gegen alle anderen Waffen ist der Löwe gefeit. Obwohl das Tier, plötzlich zuschnappend, die Hand ihm verletzt, umklammert Herakles unentrinnbar das Haupt des mächtigen Löwen und würgt ihn solange am Halse, bis er erstickt.

In einen tiefen Schlaf verfällt Herakles, nachdem er den Löwen getötet. Dreißig Tage lang hält Morpheus, der Bruder des Todes, den Helden umfangen. Als Herakles endlich erwacht, umkränzt er sein Haupt mit Blättern von Selinon gleich einem, der aus dem Grabe gekommen. So wie die Trauernden seit jeher die Gräber ihrer Toten mit Selinon schmückten, werden seit der Tat des mutigen Helden die Kränze der Sieger bei den Spielen zu Nemea aus diesen Pflanzen gewunden, als Symbol der Vergänglichkeit allen irdischen Seins.

Schon bereitet Molorchos das Totenopfer für Herakles vor, als dieser, den schweren Löwenkörper auf seiner Schulter, lebend erscheint. Nun opfern sie gemeinsam den Widder dem Zeus, dem rettenden Gott. Darauf schneidet Herakles sich eine neue Keule aus dem Holz eines hundert Jahre alten Olivenbaums.

Noch bevor die rosenfingrige Eos den Menschen den neuen Tag bringt, macht Herakles sich auf nach Mykene, um dem König Eurystheus den geforderten Löwen zu bringen. Zu Tode erschreckt über den Anblick des Helden mit dem riesigen Tier auf dem Rücken, läßt der König Herakles vor dem Stadttore stehen und verbietet ihm, je wieder mit einer Beute die Burg zu betreten. Sogleich erteilt er seinen Leuten den Befehl, ein ehernes Faß zu erbauen und in die Erde zu senken. Jedesmal, wenn Herakles nun mit den Beweisen einer erfüllten Aufgabe vor die Stadttore kommt, versteckt Eurystheus sich ängstlich in dem sicheren Faß.

Vergeblich versucht Herakles, dem Löwen das Fell abzuziehen, denn kein Werkzeug ist für diese Arbeit scharf und kräftig genug. In einer plötzlichen, beinahe göttlichen Eingebung ergreift er die Klauen des Tieres und es gelingt ihm, mit den diamantharten Krallen die stählerne Haut zu durchschneiden. Das undurchdringliche Fell des Löwen trägt Herakles seither, über seinen Körper geworfen, wie einen Panzer. Von den Schultern fällt es herab bis zu den Knien, wo die hinteren Tatzen die Beine des Helden berühren. Den Schädel des Tieres mit geöffnetem Rachen und den reißenden Zähnen trägt Herakles auf seinem Kopf als schützenden Helm. Bei seinem furchterregenden Anblick erzittern die Menschen und unentrinnbar fühlen sie sich hineingezogen in eine Welt, die erfüllt ist von blutigen Kämpfen, von Rache und Tod.

Um seinen mutigen, heldenhaften Sohn, den mächtigen Herakles, gebührend zu ehren, versetzt Zeus den Löwen als strahlendes Sternbild an den nächtlichen Himmel.

Großer Wagen und Bootes

Hell brennen die Hochzeitsfackeln, die Hymen, der Gott der Hochzeit und Ehe, und Eros, der Liebesgott, vor dem feierlichen Hochzeitszug schwingen.

Zeus selbst hat Kadmos, dem Drachentöter und Gründer von Theben, Harmonia zur Braut gegeben, die Tochter des Kriegsgottes Ares und der anmutig-spöttischen Aphrodite, der Göttin der Liebe. Sanft und schön ist die blonde, kuhäugige Harmonia, die Vereinigende, und sie besänftigt und verbindet mit leichter Hand die rasch erregbaren und oft so gegensätzlichen Naturen der Menschen. Selbst wilde Tiere, die einander grausam zerfleischen, dienen friedfertig der Braut. Ein mächtiger Löwe mit heller Mähne und ein kräftiger Eber sind vor den glänzenden Hochzeitswagen gespannt und ziehen gemeinsam, von Apollon gelenkt, das mit frischem Blattwerk umwundene Gefährt.

Alle Götter sind zu dieser Hochzeit erschienen, auch Zeus, der oberste Herrscher im hohen Olymp; eine Ehre, welche die Himmlischen zum ersten Male einem sterblichen Menschen erweisen. Zwölf goldene Throne stehen im Haus des Kadmos für die Gäste bereit und umrahmen die mit Blumen festlich geschmückte Tafel. Und die Götter überschütten das Brautpaar mit edlen Geschenken. Aphrodite überreicht Harmonia jenes goldene Halsband, welches Hephaistos geschmiedet und das unwiderstehliche Schönheit verleiht; ein goldgewirktes Gewand erhält die Braut von Athene. Beide Geschenke sollten den Kindern und Kindeskindern des Paares jedoch einst große Leiden und Unglück bringen. Hermes, der Erfinder der Leier, schenkt der Braut eines dieser wohltönenden Instrumente und Demeter, die Göttin des Ackerbaus und der Früchte, überreicht Gerste dem Brautpaar als Versprechen für eine reichliche Ernte. Schön und voll Harmonie sind die Lieder der Musen, mit denen sie das Brautpaar und die Gäste während des prächtigen Festes erfreuen. Zu später Stunde ergreift selbst Apollon, der große Gott der Musik, seine Leier, schlägt sie so kunstvoll, wie nur er es vermag, und berührt durch seinen wundervollen Gesang tief die Herzen der feiernden Götter und Menschen.

Frühling

An den Stamm eines schattenspendenen Baumes gelehnt, steht Iasion, der Sohn des tyrrhenischen Fürsten Korythos und der Atlastochter Elektra. Der Jüngling hält einen goldenen Becher mit Nektar in seiner Hand und lauscht versonnen der Musik, die aus den weit geöffneten Toren des Hauses erklingt. Da tritt eine schönbekränzte Frau zwischen den marmornen Säulen hervor und wandelt auf schlanken Füßen über die Wiese auf Iasion zu. Demeter ist es, die sanfte Erdgöttin und Schützerin der fruchtbaren Felder. Überrascht hebt Iasion die Lider. Mit dunklen, ernsten Augen sieht sie den Jüngling an, und als ihre Blicke einander begegnen, hat Eros schon seine goldenen Pfeile entsendet und das Feuer in ihnen entzündet. So heftig ist das entfachte Begehren, daß Iasion und Demeter heimlich das Fest verlassen und sich unter freiem Himmel auf dreimal gepflügtem Brachfeld in Liebe vereinen. Beglückend eingelöst hat die Göttin das Versprechen, dem Brautpaar fruchtbare Felder und reiche Ernten zu schenken.

Spät erst, schon zieht Selene, die blasse Mondgöttin, über den Himmel, kehren Demeter und Iasion still lächelnd und mit Spuren frischer Erde an ihren Gewändern zu der Hochzeitsfeier zurück. Und Zeus weiß sofort, was geschehen. Zornig erregt, daß ein Sterblicher es gewagt, die göttliche Demeter zu berühren, und wohl auch aus Eifersucht, da er selbst seine Schwester schon lange begehrt, erschlägt Zeus Iasion mit seinem alles vernichtenden Blitz.

Fassungslos und ohnmächtig gegenüber dem Zorn des rächenden Zeus, betrauert Demeter den Tod des ihr so grausam entrissenen Iasion. Unter Tränen besteigt sie ihren von geflügelten Schlangen gezogenen Wagen und kehrt nach Eleusis, dem heiligen Ort der von ihr eingesetzten Mysterien, voll Kummer zurück

Zwei Söhne gebiert die Göttin dem toten Geliebten: Plutos, der die Fülle der fruchtbaren Felder schützt, und Philomelos, den Freund aller Lieder. Herangewachsen führt Philomelos zufrieden das Leben eines an die Scholle gebundenen Bauern und erfindet den Pflug und den Wagen. Schwarz glänzt im Frühjahr die beim Pflügen gewendete Erde und hochaufgetürmt bringt Philomelos im Herbst seine Ernte auf dem Wagen in die wartenden Scheunen.

Demeter betrachtet voll Freude ihren der Erde so tief verbundenen Sohn und verewigt ihn am Himmel als Sternbild des Bootes, des Pflügers, der hinter dem Erntewagen großen Schrittes ruhig einhergeht.

Zentaur

Am Pelion, dem dichtbewaldeten, hochaufragenden Berg in Thessaliens Osten, lebten seltsame, doppelgestaltige Wesen: die Kentauren. Der Oberkörper eines Menschen wächst aus dem Leib eines Pferdes dort, wo des Rosses Brust in den Hals übergeht. Als ungezähmte, lüsterne Gesellen sind sie bekannt, und angstvoll entfliehen alle, der Vogel, die Schlange, das Reh und selbst der bergerfahrene Mensch, wenn die Kentauren voll Kampfeslust die unwegsamen Wälder durchstreifen.

Vor langen Zeiten ist das Geschlecht der Kentauren, dieser triebhaften, gewalttätigen Tiermenschen, entstanden:

Ixion, der thessalische König und Herrscher über die Lapithen, bereitete einst festlich seine Hochzeit mit Dia, der Tochter von Deioneus, dem Verwüstenden, vor. Einen hohen Brautpreis hatte Ixion seinem künftigen Schwiegervater, dem König von Magnesia, zugesagt und ihn als Vater der Braut freundlich zur Vermählung nach Larissa, der thessalischen Hauptstadt, geladen. Heimtückisch ließ Ixion jedoch vor dem Tor des Palastes eine Grube ausheben, die er mit glühenden Holzkohlen füllte. Als Deioneus freudig nahte, um seine Tochter zu übergeben und das versprochene Heiratsgut abzuholen, stürzte er in die sorgfältig getarnte Falle und verbrannte hilflos in den aufschießenden Flammen.

Ein unverzeihliches Verbrechen war diese Tat des thessalischen Königs, denn als erster Sterblicher hatte Ixion seine Hände mit dem Blut eines Verwandten befleckt. Niemand wollte den König für diesen schändlichen Mord entsühnen, niemand mochte an ihm die Reinigungsriten vollziehen. Da erbarmte sich Zeus des dem Wahnsinn schon Nahen und sprach den Ixion nicht nur von seiner schrecklichen Sünde frei, sondern lud ihn auch zum Gastmahl ein in den hohen Olymp.

Kaum hatte Ixion die tugendhafte Gattin des Zeus, die stolze Hera, erblickt, begehrte er sie zur Liebe und versuchte, sie zu verführen. Empört über diese anmaßende Frechheit, beklagte sich diese bei ihrem Gemahl. Um den beschuldigten Gast auf die Probe zu stellen, formte Zeus mit einer kaum wahrnehmbaren Bewegung seiner göttlichen Hand eine Wolke nach Heras Gestalt. Der begehrliche Ixion umarmte leidenschaftlich dieses trügerische Wolkengebilde und stillte an ihm seine Lust. Rasend vor Zorn, ließ Zeus Ixion zur Strafe an ein feuriges Flügelrad binden, das seither, den Bestraften im Kreise wirbelnd, am Himmel und später dann in der Unterwelt ewig sich dreht.

Nephele, das wolkige Abbild der Hera, war von Ixion schwanger geworden und gebar den ersten Kentaur, ein vierbeiniges Wesen mit dem Leib eines Pferdes und dem Oberkörper einer Menschengestalt. Kentauros wurde das Kind dieser Täuschung, der Urkentaur, genannt. Herangewachsen zu einem gewalttätigen, weibertollen und ungezügelten Geschöpf, schwängerte dieser Pferdemensch in Magnesia am Pelion alle Stuten und zeugte so das Geschlecht der wilden Kentauren.

Unter diesen rauhen und ungebärdigen Tiermenschen wachsen zuweilen auch Wesen von großer Schönheit heran, wie Kyllaros, den viele Pferdefrauen leiden-

Ixion

Ixion hatte die Schuld eines Verwandtenmordes auf sich geladen. Lange Zeit wollten ihm die Götter nicht verzeihen. Endlich hatte sich Zeus entschlossen ein Zeichen der Vergebung zu setzen und hat ihn auf den Olymp gerufen, um mit ihm bei Tisch zu sitzen. Jedoch anstatt dankbar zu sein, versuchte er Hera, die Gattin des Zeus, zu verführen. Zur Strafe ließ Zeus ihn auf ein feuriges Rad binden, das sich ewig dreht.

Die umseitige Abbildung ist ein Motiv auf einer attischen Schale aus der Zeit 500 v. Chr. (Musée d'Art et d'Histoire, Genève).

schaftlich begehren. Der erste Bart sprießt eben in seinem Gesicht mit den leuchtenden blauen Augen, und seine goldenen Locken fallen ihm bis zu den Flanken herab. Von einem Künstler scheinen seine Schultern, sein Nacken geformt, seine glänzende Brust. Makellos erhebt sich auch der Pferdeleib auf hohen Beinen mit hellgrauen Fesseln, pechschwarz glänzend der Körper und weiß der wehende Schweif.

Nur eine gewinnt den von vielen Begehrten, Hylonome, das reizendste Kentaurmädchen, das je in den dichten Wäldern gelebt. Sie allein weiß Kyllaros mit zärtlichen Worten zu fesseln und mit ihrer Liebe unverlierbar zu binden. Für ihn schmückt sie ihr glattgekämmtes Haar mit Rosmarin und mit Veilchen, durchflicht es mit Rosen oder bekränzt es mit dem weißen Glanz einer Lilie. Für ihn läßt sie die schönsten Felle auserlesener Tiere von den Schultern über die linke Seite anmutig hängen. In einen Quell, der kühl von Pelions Höhen herabfließt, taucht sie jeden Morgen und jeden Abend ihr schönes Antlitz und ihren Leib.

Gleich stark und gleich tief ist die Liebe in beiden. Unzertrennlich ziehen Kyllaros und Hylonome vereint durch das Bergland, lagern gemeinsam in Grotten, genießen den Schatten unter demselben Baum.

Gemeinsam auch treten sie ein in den Palast von Peirithoos, der nach seinem Vater, dem vermessenen Ixion, als König über das Volk der Lapithen jetzt herrscht.

Zweierlei Geschlechter stammen nämlich von Ixion ab: die Könige der Lapithen, die in dem Palast zu Larissa herrschen, und die am benachbarten Pelion in Magnesia hausenden wilden Kentauren, die behaupten, durch Ixion die wahren Erben des Königshauses zu sein. Jahrelang tobte darüber zwischen ihnen ein unversöhnlicher Streit. Doch nun scheint die Fehde befriedet und Peirithoos lädt, festlich gestimmt, zu seiner Vermählung mit der schönen Deidameia die ihm verwandten Kentauren, die wilden Wolkensöhne, großmütig ein.

Üppig tafeln die Gäste und leeren unzählige Male ihr silbernes Trinkhorn mit dem schweren, köstlichen Wein zum Wohle des glücklichen Paares. Durch den reichlichen Genuß des ungewohnten Getränkes erhitzt und berauscht, packt der blindwütigste der Kentauren, Eurytion, plötzlich voll Verlangen gierig die junge Braut und schleift sie an den Haaren quer durch den Saal. Enthemmt folgen nun auch die anderen Kentauren dem schamlosen Vorbild. Sie stürzen sich auf die Jungfern der Braut und auf jene Mädchen und Knaben, die sie zuvor schon lüstern betrachtet, werfen sie sich über die Schultern und galoppieren mit ihrer Beute davon. Angst und Verwirrung herrschen unter den Gästen und der Palast hallt wider vom Geschrei der Geraubten. Auf springen die Edlen des Landes mit gezücktem Schwert und in einem Augenblick entsteht aus dem Tumult zwischen ihnen und den Kentauren ein schrecklichen Kampf. Theseus, der große Held und treueste Freund von Peirithoos, entreißt dem Eurytion die halb bewußtlose Braut. Unter dem Anprall der wütenden Kämpfer stürzen die Tische, zerschellen die Becher, wertvolle Kannen und feines Geschirr. Blutig und erbarmungslos ist dieser Kampf, in dem die Gegner einander grausam vernichten.

Hineingezogen in das wilde Gemenge sind auch Kyllaros und Hylonome, die sich Seite an Seite gegen die angreifenden Gefährten des Königs heldenhaft wehren. Da, ein Speer, von links kraftvoll geworfen, bohrt sich dem Kyllaros vom Halse schräg durch die Brust in das Herz. Hylonome fängt den Sterbenden auf, legt ihre Hand auf die Wunde und versucht, seine Lippen küssend, die entfliehende Seele zu halten. Doch vergeblich, sein Leben erlischt. Unter Klagen stürzt sich Hylonome in denselben Speer, der auch Kyllaros getötet, und umfängt im Sterben noch ihren Geliebten.

Viele der wilden Kentauren verlieren ihr Leben in diesem Kampf der durch den gemeinsamen Stammvater Ixion verbundenen Geschlechter. Die wenigen, die überleben, ergreifen die Flucht und müssen den Pelion, der ihnen Wohnstatt gewesen, für immer verlassen. In Arkadien finden sie Zuflucht und am Kap Malea, der südlichsten Spitze des Peloponnes.

Nur kurz und nicht in seiner vollen Gestalt steigt der Zentaur in sternhellen Nächten über den Horizont, um bald darauf wieder in die Wälder seiner neuen Heimat am Peloponnes zu entschwinden.

SOMMER

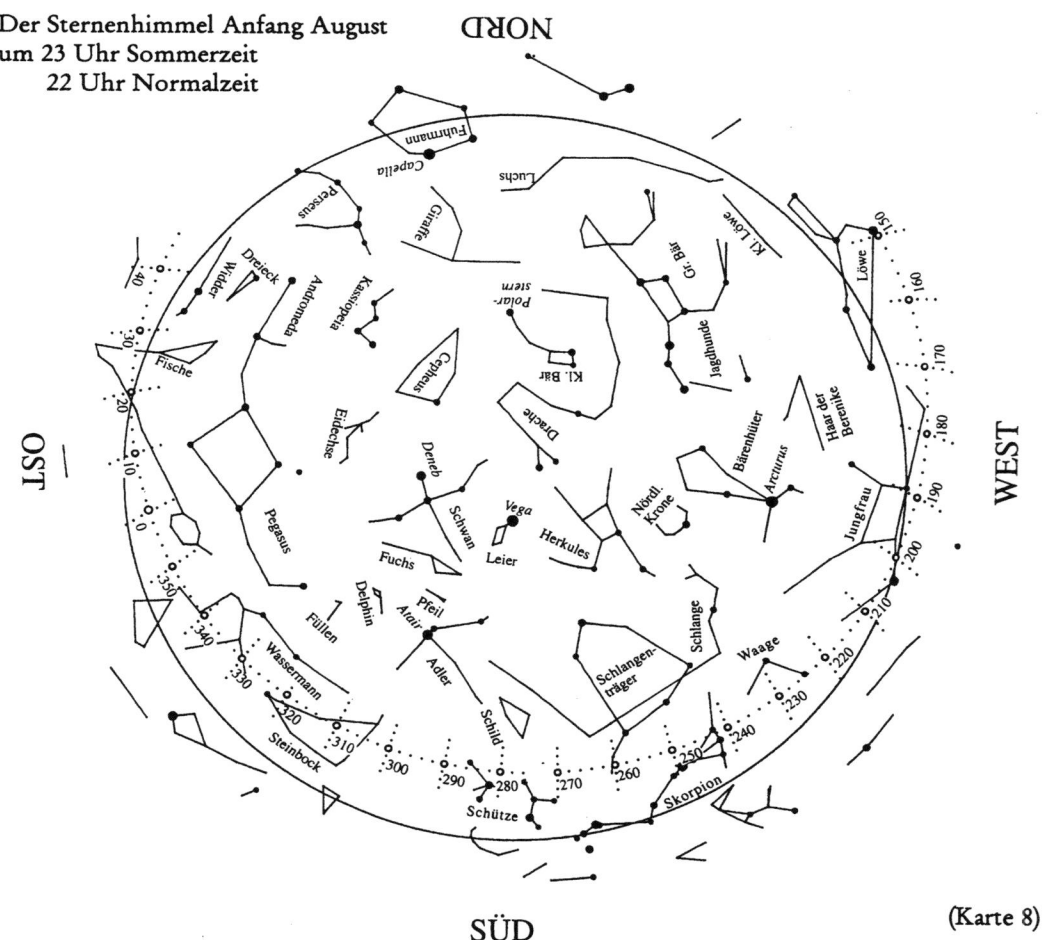

(Karte 8)

Sommer

Wie man die Sternbilder am Himmel auffindet und wie man die Himmelskarten richtig liest, wird am Ende des Buches ausführlich besprochen. Fürs erste genügt es zu wissen, daß der Mittelpunkt der kreisförmigen Karte jenen Teil des Himmels zeigt, der genau über dem Betrachter liegt.

Wendet man sich unter dem freien Himmel nach Süden, dann sieht man jene Sternbilder vor sich, die die untere Hälfte der Himmelskarte zeigt:

o Genau über dem Betrachter sieht man den aufgerissenen Rachen des sich windenden *Drachen*. Wenn man genau hinsieht, dann meint man, den einen Stern des aufgerissenen Drachen-Maules - der östliche ist es - in rötlich-orange-farbenem Licht leuchten zu sehen. Tropft Blut von seinen Zähnen?

o Ist es *Herkules*, er steht hoch am Himmel und streckt seine Arme abwehrend nach oben, der da verletzt wurde? Sein rechtes Knie ist gebeugt, aber sein linkes Bein stemmt er kräftig nach unten.

o Links neben dem Herkules, also östlich von ihm, liegt die *Leier*, ein kleines, aber besonders schönes Sternbild. Ein ganz heller Stern, Vega wird er genannt, ist der reich verzierte Griff des Instrumentes. Ein kleines Parallelogramm aus zarten Sternen schließt daran an und man kann sich vorstellen, daß in diesem Rahmen die sieben Saiten der Lyra gespannt sind.

o Östlich von der Leier, gleichfalls sehr hoch am Himmel, fliegt der *Schwan*. Sein Kopf ist weit nach vorn gestreckt und weist nach Süden. Seine Flügel sind ausgebreitet und man glaubt fast, die kräftige Bewegung zu erkennen, denn die eine Flügelspitze biegt sich deutlich nach oben. Der hellste Stern des Schwanes trägt den Namen Deneb, was soviel wie Schwanz der Henne bedeutet.

o Im Süden steht in halber Höhe der *Adler*. Weit hat er seine Flügel ausgebreitet und fliegt nach Osten. Auch ein *Pfeil* fliegt über ihm.

Sommer

- Am südlichen Horizont erkennt man das Sternbild des *Schützen* und das Sternbild des *Skorpions*. An sich sind es sehr helle Sterne, die zu diesen Sternbildern gehören, aber sie werden oft durch den Dunst am Horizont in ihrer Leuchtkraft abgeschwächt.
- Über dem Skorpion steht ein mächtiges, weit ausgebreitetes Doppel-Sternbild: der *Schlangenträger* und die *Schlange*.
- Nicht sehr hoch über dem Horizont im Südosten liegt der *Steinbock*. Auf alten Karten erinnert er eher an ein Fabelwesen, denn er ist als "Ziegenfisch" dargestellt; es ist das eine Auffassung, die babylonischen Ursprungs sein dürfte.

MYTHEN DES SOMMER-HIMMELS

Früh schon erhebt sich die rosenfingrige Eos im safrangelben Gewand von ihrem Lager im Osten. Mit dem zweispännigen Wagen fährt sie ihrem Bruder Helios, dem alles sehenden Sonnengott, leuchtend voran, wenn er der Welt siegreich und gebieterisch den neuen Tag bringt. Helios lenkt die vor seinen goldenen Wagen gespannten, feueratmenden Rosse steil die Bahn bis zur Mitte des Himmels empor. Die Wärme seiner leuchtenden Strahlen läßt die Saat auf den Feldern saftig gedeihen und die Wälder und Wiesen ergrünen. Licht und Leben bringt er Gaia, der breitbrüstigen Erde.

Drache

Vor langer Zeit, damals, als die göttliche Hera sich mit ihrem Bruder, dem mächtigen Zeus, vermählte, überreichte ihr Gaia, die Mutter Erde, als Geschenk einen Baum mit goldenen Äpfeln, die jedem, der sie genießt, Unsterblichkeit gewähren und ewige Jugend. So groß war ihre Freude über dieses Geschenk, daß sie den Baum in ihrem eigenen göttlichen Garten auf dem Abhang des afrikanischen Berges Atlas gepflanzt, dort, wo die üppige Fruchtbarkeit des Bodens selbst die Götter beglückt. Nicht ohne Schutz sollte er bleiben und so erwählt sie die Hesperiden, die Töchter des Atlas, und vertraut ihnen die Sorge an für dieses besondere Kleinod. Doch die Mädchen, deren Gesang manchmal wie Flötentöne durch den Abend erklingt, erfüllen recht sorglos die ihnen gebotene Pflicht; denn ohne Erlaubnis pflücken sie heimlich goldene Äpfel vom heiligen Baum.

Erzürnt ruft Hera nach Ladon, dem Drachen, der in den Tiefen der Erde haust oder auch in der Nacht, die sich vom Westen weit über die Meere erstreckt. Fürchterlich ist sein Anblick mit ein, zwei oder hundert Köpfen, die erschreckende Laute in unzähligen Sprachen von sich zu geben vermögen. Die Göttin gebietet dem immer wachsamen Drachen, sich um den Stamm des kostbaren Baumes zu winden und ihn streng zu behüten. Niemand wagt es fortan, sich Früchte von dem göttlichen Baume zu holen.

Herakles erst, auf der Suche nach den goldenen Äpfeln der Hesperiden, wird sich dem Garten einst nahen. Denn Herakles ist verpflichtet, zwölf Aufgaben für Eurystheus, seinen Dienstherrn, genau zu erfüllen, und die kostbaren Äpfel zu holen, ist eine davon.

In unendlicher Ferne, am Ende der Welt, soll der Garten der Hera im Abendlicht liegen. Doch ohne Führung und Zustimmung der Götter gelangt keiner dorthin, auch nicht der größte der Helden.

Um den Ort des paradiesischen Gartens zu finden, wird Herakles aufgetragen, mit dem greisen Nereus zu ringen, denn er nur weiß den richtigen Weg. Doch immer wieder verwandelt sich dieser in verschiedene Gestalten, wird bald Schlange, bald kühles Wasser, bald gefährlich loderndes Feuer. Unerbittlich hält ihn Herakles fest und zwingt so den Meergreis, ihm den Weg preiszugeben. Nereus rät dem siegreichen Helden auch, die Äpfel nicht selber zu pflücken, sondern mit freundlichen Worten den Atlas darum zu ersuchen. Ganz in der Nähe des Gartens steht der Titan und trägt das Himmelsgewölbe auf seinen mächtigen Schultern.

Beschwerlich und seltsam ist die Reise, auf die Nereus den Herakles schickt, an Arabien vorbei, an der purpursandigen Küste des Roten Meeres bis hin in die Kaukasischen Berge. Dort erblickt Herakles den Prometheus, den die Götter seit dreißigtausend Jahren zur Strafe an den Felsen geschmiedet, weil er für die

Hesperiden

Gaia hatte vor langer Zeit der Hera zur Hochzeit einen Baum mit goldenen Äpfeln überreicht, die jedem, der sie genießt, Unsterblichkeit und ewige Jugend gewähren. Groß war Heras Freude und sie pflanzte den Baum im göttlichen Garten. Die Hesperiden, die Töchter des Atlas, sollten das Kleinod beschützen und ein Drache, der sich um den Baum windet, wehrte jeden Dieb ab.

Dieses Motiv stammt von einer attischen Vase aus der Zeit um 470 v. Chr., die im Britischen Museum in London aufgestellt ist.

Menschen das Feuer vom Himmel gestohlen. Jeden Tag stürzt ein riesiger Adler durch die Lüfte herab und hackt und frißt an seiner unsterblichen Leber. Wenn sich das Dunkel der Nacht über den Unglücklichen legt, wächst sie sofort wieder nach. Schaudernd erwartet Prometheus den Anbruch jedes kommenden Tages, an dem die Marter von neuem beginnt. Ohne zu zögern, tötet Herakles den Adler des Zeus mit seinem Verderben bringenden Pfeil und erlöst so den Verdammten von seinen entsetzlichen Qualen.

Prometheus, voll Dank für seine Befreiung, weist Herakles nun den Weg in den Westen zum Garten der Hera.

Nach weiten Fahrten durch fremde Lande und nachdem er erneut gefährliche Abenteuer bestanden, gelangt der Held endlich zum lange ersehnten Ziel. Er bittet Atlas sogleich, für ihn die Äpfel aus dem Garten zu holen, und dieser ist dazu auch gerne bereit. Groß ist jedoch seine Angst vor dem niemals ruhenden Drachen und vor Hera, deren Zorn und Strafe er fürchtet, und so tötet Herakles zuvor über die Mauer hinweg Ladon mit einem vergifteten Pfeil.

Atlas ersucht nun Herakles, inzwischen an seiner Stelle den Himmel, der ohne Stütze leicht einbrechen könnte, auf seine mächtigen Schultern zu nehmen. Der Held lädt das Gewölbe auf seinen athletischen Nacken und Athene hilft dem Götterfreund, den Himmel zu tragen, er mit angespannten Muskeln, sie mit leichter Gebärde der Hand und des Armes. Bald kehrt Atlas mit den Äpfeln zurück und bietet sich an, diese für Herakles dem Eurystheus zu bringen. Doch Herakles durchschaut gleich die List, daß Atlas auf diese Weise versucht, sich für immer von der Himmelslast zu befreien. Zum Scheine nimmt er das Angebot an, nur müsse er sich vorerst ein weiches Kissen bereiten und unter die schwere Last legen. Gutgläubig läßt Atlas sich täuschen. Er legt die Äpfel sorgsam ins Gras und übernimmt gebückt das Himmelsgewölbe. Lachend ergreift Herakles die wertvollen Äpfel und verabschiedet sich mit Dank für die Hilfe von Atlas, der unter der Last des Himmels weiter für ewig den Nacken nun beugt.

Herakles eilt mit der Beute in die griechische Heimat und überreicht Eurystheus die Äpfel. Nachdem der König die Äpfel in den Händen gehalten und sich kurz an ihrem strahlenden Anblick erfreute, gibt er sie unverzüglich dem Helden wieder. Denn keinem ist es erlaubt, die goldenen Äpfel bei sich zu bewahren. Sie gehören den Göttern und sind heiliger noch als die Schätze im Tempel. Darauf schenkt Herakles sie der Göttin Athene, die ihm in allen Gefahren stets hilfreich zur Seite gestanden. Athene nimmt lächelnd die goldenen Äpfel entgegen und bringt sie in den Garten der Hesperiden zurück.

Heiße Tränen vergießt die göttliche Hera um den getöteten Ladon, ihren treu ergebenen Wächter, und setzt den Drachen zum Dank an den Himmel unter die funkelnden Sterne.

Herkules

Viele Jahre schon kämpfen die Götter vergeblich gegen die wilden Giganten, die, von Gaia, der Mutter Erde, gedrängt, den Olymp zu stürmen versuchen. Zeus hatte nämlich Gaia beleidigt, als er die Titanen, welche die Welt in der Urzeit beherrschten, in den Tartaros sperrte. Warnend prophezeit Hera, die Gattin des Zeus, daß die schlangenfüßigen Giganten niemals durch die Hand eines Gottes, sondern nur durch einen löwenhäutigen Sterblichen den Tod finden werden.

Zeus, der schon viele irdische Frauen und Mädchen bezaubert, verführt und entführt hat, beschließt nach Heras prophetischen Worten, mit einer Sterblichen einen Sohn zu zeugen, der stark genug ist, den Göttern im Kampf gegen die Giganten zum Sieg zu verhelfen.

Der Gott läßt seine suchenden Blicke über das Erdenrund schweifen und erspäht in Theben eine Frau, die sowohl durch Schönheit als auch durch Klugheit alle anderen Frauen weit übertrifft. Die Enkeltochter des Perseus, Alkmene, ist die Erwählte. Sogleich ist Zeus, wie könnte es anders auch sein, heftig entflammt, und ihr Anblick läßt die Pflicht, einen Helden zu zeugen, als große Beglückung erscheinen.

Gerade erst wurde Alkmene ihrem Vetter Amphitryon zur Gemahlin gegeben. Doch die Braut will mit ihrem Gatten nicht eher das Ehebett teilen, als bis dieser den Tod ihrer Brüder gerächt hat, die bei einem Kampf wegen eines Rinderraubes ums Leben gekommen. Und Amphitryon zieht, ohne seine junge Frau zu berühren, begleitet von einem schnell gesammelten Heer, in den Krieg.

Mit einem goldenen Becher und einem glänzenden Halsband in seiner Hand betritt Zeus, der höchste der Götter, in der Gestalt Amphitryons die Kammer Alkmenes. Überglücklich wird er begrüßt, und die junge Frau lauscht voll Freude seinem Bericht, wie er die Geschmeide geraubt, die Feinde bezwungen und so die Rache vollbracht. Es gelingt dem Gott, Alkmene gänzlich zu täuschen, und sie gibt sich dem sehnsüchtig erwarteten, vermeintlichen Gatten voll Leidenschaft hin. In seiner großen Liebe, die ihn zu Alkmene erfaßt hat, verlängert Zeus die Liebesnacht, die sie vereint, bis zur dreifachen Zeit. Dem Sonnengotte befiehlt er, die Sonnenfeuer zu löschen und die ungeduldig scharrenden, feurigen Rosse im Stall zu belassen. Ungern gehorcht Helios diesem Befehl und gedenkt mit Groll jener schönen Zeiten, als ein Tag ein Tag und eine Nacht eine Nacht noch waren. Dreimal steigt der blasse Mond über den Horizont und das Kind dieser Nacht wird später auch Triselenos, Kind des dreifachen Mondes, genannt.

Als Amphitryon am folgenden Morgen siegesfroh und voll Verlangen nach seiner jungen Frau nach Hause zurückkehrt, wird er nicht so überschwenglich im Ehebett willkommen geheißen, wie er erwartet.

Müde sei sie nach der letzten, verzehrenden Nacht und sie wolle nicht noch einmal die Erzählung all seiner mutigen Taten vernehmen. Amphitryon, der Alkmenes Worte nicht zu deuten vermag, fragt in seiner Verwirrung Teiresias, den blinden Seher, und erfährt, daß Zeus ihn schmählich hintergangen hat und betrogen. Von da an berührt er Alkmene nie mehr.

Die junge Frau ist mit Zwillingen schwanger, mit Herakles, dem von Zeus Gezeugten, und mit Iphikles, des Amphitryons Sohn. Schwer schon trägt sie die zweifache Last, doch nahe ist glücklicherweise der Tag der Geburt.

Bei der Götterversammlung im hohen Olymp verkündet stolz der mächtige Zeus, daß ihm heute ein Sohn geboren werde, der bestimmt sei, über das edle Haus des Perseus zu herrschen.

Eifersüchtig auf die schöne Alkmene, die den größten Helden aller Zeiten zur Welt bringen wird, verlangt Hera von Zeus zu schwören, daß der vor Anbruch der Nacht zuerst geborene Knabe der künftige König sein wird von Mykene und Argos. Ohne zu zögern, leistet er diesen Eid, denn schon ist die Zeit von Alkmene gekommen.

Auf Heras Befehl hockt jedoch Eileithyia, die Göttin der Geburt, mit gekreuzten Fingern, Armen und Beinen vor der Kammer Alkmenes; ein magischer Zauber, um die Geburt zu vereiteln. Tagelang liegt Alkmene in unerträglichen Wehen und schwächer wird sie von Stunde zu Stunde. Da greift Galanthis, die Dienerin und Vertraute Alkmenes, zu einer List. Sie stürzt aus der Tür und verkündet freudig die trotz des bannenden Zaubers angeblich erfolgte Geburt. Überrascht entknotet sich Eileithyia und gibt so den Weg für die Niederkunft der Zwillinge frei: für Herakles, den Sohn des Zeus, und Iphikles, des Amphitryons Sohn. Die betrogene Eileithyia faßt voll Zorn das lachende Mädchen bei ihrem Blondhaar und verwandelt es in ein Wiesel für alle Zeit.

Zu spät, nur eine einzige Stunde zu spät, wurde Herakles, der künftige Held, von Alkmene geboren. Denn sogleich, nachdem Zeus den unwiderruflichen Schwur geleistet, war Hera vom Olymp herab ins Haus des Königs Sthenelos, eines Sohnes von Perseus, geeilt, dessen Gattin ein Kind im siebenten Monat trug. Durch vorzeitige Wehen beschleunigte Hera die Geburt dieses Knaben, der so das Licht der Welt vor dem Zeussohn erblickte.

Eurystheus ist das schwächliche, siebenmonatige Kind, das nun an Stelle von Herakles zum Herrscher wird über die Argolis samt Mykene und Tiryns. Herakles ist durch die Tücke von Hera nun nicht zu einem großen König geworden, wie Zeus es gewollt, sondern zu einem Gefolgsmann von Eurystheus.

Maßloser Zorn erfüllt den Gott, als die zurückkehrende Hera sich rühmt, die Geburt des göttlichen Sohnes verzögert zu haben. Tobend packt er seine älteste Tochter Ate, die ihn blind gemacht hatte gegenüber der Täuschung durch seine Gemahlin, an ihren goldenen Haaren und schleudert sie auf die Erde hinab. Rückgängig kann er den heiligen Eid nicht mehr machen und so vereinbart er, immer noch grollend, mit Hera, daß Herakles so lange im Dienste von Eurystheus zu stehen habe, bis er zwölf Arbeiten für diesen geleistet. Dann erst wird der Sohn des göttlichen Zeus die Unsterblichkeit erlangen, die ihm gebührt.

Als die Zwillinge acht Monate zählen, schickt Hera zwei blauhäutige Schlangen, um den verhaßten Sohn ihres Gatten zu töten. Die Türen von Alkmenes Gemach stehen offen, wo Herakles und Iphikles, eingehüllt in krokosfarbene Windeln, friedlich schlafen. Mit weit aufgerissenen Rachen gleiten die Schlangen über den marmornen Boden und bedrohen die Kinder. Iphikles wacht auf und weckt mit einem erschrockenen Schrei seine Mutter. Amphitryon stürzt mit gezogenem Schwerte herbei und wird von Staunen, Grauen und Freude erfaßt, als er die Stärke eines der Knaben gewahrt. Denn Herakles hat die Schlangen gepackt, je eine mit einer Hand, und würgt sie so lange, bis das Leben aus ihrem schrecklichen Körper entweicht. Voll Freude springt Herakles auf und ab und wirft die getöteten Schlangen Amphitryon vor seine bloßen Füße.

Kaum dämmert der Morgen, da ruft Alkmene den blinden Seher Teiresias und berichtet ihm von dem wundersamen Geschehen. Teiresias verkündet den Eltern und dem staunenden Volk das künftige Schicksal des Knaben: Viele Abenteuer wird er bestehen zu Land und zur See, gefährliche Tiere erlegen und gemeinsam mit den Göttern wird er gegen die Giganten kämpfen und diese besiegen. Nach einem tatenreichen, gefährlichen und leidvollen Leben wird Herakles, von Athene und Hermes geleitet, zaghaften Schrittes den hohen Olymp betreten. Dort erhält er einst einen Platz unter den Göttern und Hebe, die Göttin der Jugend, wird ihm als Frau an die Seite gegeben.

Schnell wächst Herakles zu einem ungebärdigen Knaben voll überschäumender Lebenslust und unbeherrschter Körperkraft heran. Hervorragende Lehrer unterrichten ihn im Reiten und Wagenlenken, im Ringen, Bogenschießen und in der Kunst, schwerbewaffnet zu fechten. Durch seine hohe Geschicklichkeit und seinen großen Eifer übertrifft er bald schon die Lehrer. Für Literatur und Musik, die der berühmte Sänger und Dichter Linos unterrichtet, zeigt er hingegen kaum Neigung. Wenn sein Bruder Iphikles, ein folgsamer Schüler, mit seiner Tafel dem Linos schon aufmerksam lauscht, schlendert Herakles erst gemächlich herbei und läßt sich dazu noch von einem alten Diener die Tafel tragen und die lästige Leier.

Eines Tages, als der störrische Herakles den Unterricht im Übermaß stört, verliert der Lehrer so sehr die Geduld, daß er den Göttersohn schlägt. Heißer Zorn durchströmt die Adern des gedemütigten Schülers. Er ergreift mit einer heftigen Bewegung die Leier und schlägt sie Linos über den Kopf. Tödlich getroffen sinkt der Lehrer zu Boden.

Zwar wird Herakles von der Anschuldigung, den Lehrer ermordet zu haben, von den Richtern freigesprochen - Notwehr sei es gewesen -, doch Amphitryon, besorgt über die heftige Natur des Jünglings, gibt seinen Sohn aufs Land zu den Hirten in Obhut. Hier unter den einfachen Menschen wächst er bis zu seinem achtzehnten Lebensjahr ruhig heran. Zu einem Mann von ungeheuren Kräften ist er geworden und nie verfehlt er mit seinem Pfeil und dem Wurfspeer das Ziel. Alle übertrifft er an Größe, Schönheit und Mut, und der Blick seiner Augen leuchtet wie Feuer. Als wahren Sohn des mächtigen Zeus erkennt ihn jeder, der ihm begegnet.

Und früh schon bietet Athene, die Göttin des Krieges und auch der Weisheit, dem jungen Mann bei all seinen, die Erde umspannenden, gefährlichen Taten Hilfe an und rettenden Schutz. Doch auch die anderen Götter erweisen ihm große Ehre; Hermes schenkt ihm ein Schwert, von Apollon erhält er Pfeile und den Köcher dazu von Hephaistos. Eine riesige Keule reißt er sich selbst am Helikon aus dem Boden, einen wilden, hartholzigen Olivenbaum samt seinen Wurzeln.

Ein großes Leben nimmt hier seinen Anfang, ein Leben, erfüllt von Mühsal und bitterer Qual, aber auch von Bewunderung und Ruhm, den Herakles durch seine zwölf erfolgreich bestandenen Taten für Eurystheus erringt. Auf die höchsten Gipfel des Glücks und in die tiefsten Abgründe des Wahnsinns und der Verzweiflung führt ihn sein von den Göttern gelenkter Weg, bis er endlich erlöst aus der Asche seines gepeinigten Körpers aufsteigt zu den Göttern in den Olymp.

Ein riesiger Mann, auf seinem rechten Fuß kniend und die Arme weit nach oben gebreitet, so leuchtet Herakles, der Sohn des allmächtigen Zeus, groß vom nächtlichen Himmelszelt.

Leier

Hermes, der jünglingshafte Gott, Herr der Wanderer, Kaufleute und Diebe, der Sohn des Zeus und der Maia, der schönlockigen Nymphe, ist der Erfinder der klangvollen Leier.

Kaum geboren, wird ihm die Wiege zu eng und er schlüpft aus dem Haus. Da entdeckt der Kleine ein seltsames Wesen, eine Schildkröte, die gemächlich im grünen Gras auf ihn zukommt. Gleich ergreift er das Tier, trägt es mit sich in das Haus und nimmt ihm mit dem Fleisch auch das Leben. Gedankenschnell hat der findige Knabe für das Schildkrötenhaus eine neue Verwendung. Er zieht die Haut eines Rindes über den Panzer, setzt Stege aus Schilfrohr ein und spannt sieben Saiten aus Schafdarm kunstvoll darüber. Mit einem Schlegel berührt er prüfend die Saiten und sogleich erklingen diese mit hellem Ton.

Am Abend desselben Tages noch eilt der Knabe nach Pieria in Makedonien und stiehlt mit viel List fünfzig Kühe aus der Herde Apollons, seines großen Bruders, versteckt sie geschickt in einer Höhle und kehrt mit unschuldigem Blick zu seiner Mutter zurück.

Apollon gelangt auf der Suche nach seinen Kühen auch in die Grotte, wo Hermes, die Leier fest an sich gepreßt, lächelnd in der Wiege liegt und alles bestreitet. Doch Apollon durchschaut das Lügengespinst und verlangt das Diebsgut zurück. Da beginnt der Knabe, auf der Leier zu spielen. Apollon vernimmt die Musik und ist wie verwandelt; der wunderbare Klang durchdringt sein gött-

Orpheus

Mit nichts zu vergleichen ist des Orpheus schöner Gesang. Kunstvoll schlägt er die Laute, die leuchtendsten Töne entlockt er diesem Instrument. Vögel kreisen um den Sänger, Fische springen aus dem dunkelblauen Meer und Krieger vergessen zu kämpfen.

Das umseitige Motiv ist auf einem altgriechischen Krug (etwa 440 v. Chr.) zu finden, der in der Antikensammlung der Staatlichen Museen zu Berlin aufgestellt ist.

liches Herz und tiefe Sehnsucht ergreift ihn. So unbezwingbar ist sein Wunsch nach dem Instrument, daß er zu einem Handel mit seinem Bruder bereit ist. Als Sühne für den Raub wünscht sich Apollon die Leier, deren Klang Frohsinn und Liebe erweckt und süßen Schlaf dem Ermatteten schenkt. Gerne überläßt ihm Hermes das Spielwerk, denn schon ist der Reiz des Neuen verblaßt und andere Pläne beherrschen des Knaben beweglichen Sinn.

Herrlich erklingen die Saiten fortan durch die Hand von Apollon und er erfreut auch die Götter im hohen Olymp mit seinem Gesang. Später schenkt er die Leier seinem Sohn Orpheus, in dessen Gestalt die ganze Macht der Musik sich verkörpert.

Mit nichts zu vergleichen ist des Orpheus schöner Gesang. Bald ist der Sohn der Muse Kalliope und des Gottes Apollon weithin berühmt als begnadeter Dichter und Sänger. Überaus kunstvoll schlägt er die Leier, denn Apollon selbst hat ihn gelehrt, ihr die leuchtendsten Töne geschickt zu entlocken. Mit seinen Liedern zähmt er nicht nur die wilden Tiere im dunklen Wald, sondern er entzückt auch die Bäume und Steine, die ihre Plätze verlassen, um seiner Stimme zu folgen. Wenn seine Leier erschallt, kreisen in unendlichen Scharen die Vögel über des Sängers Haupt und die Fische springen hoch aus dem dunkelblauen Meer ihm entgegen.

Nach seiner Rückkehr aus Kolchis, wohin er die Argonauten begleitet und ihnen mit seiner Musik geholfen, viele Gefahren zu überwinden, begegnet er Eurydike. Mondgleich erscheint ihm die Jungfrau, bei deren Anblick sein Herz sofort in Liebe entflammt. Festlich wird der Tag der ersehnten Hochzeit begangen, doch unheilvoll wollen die Hochzeitsfackeln nicht brennen. Bald darauf läßt sich das junge Paar im wilden Thrakien nieder, dort, wo Oiagros als König unumschränkt herrscht. Von manchen wird er als Vater des Orpheus genannt, doch wer mag das glauben.

Von einer Schar lieblicher Nymphen begleitet, durchstreift Eurydike eines Tages entlang eines Flusses glücklich die saftigen Auen, als sie dem Bienenzüchter Aristaios begegnet. Ihr Anblick erregt seine Sinne und er versucht, ihr vor den Augen der Mädchen Gewalt anzutun. Erschreckt verbergen sich diese, und Eurydike flieht in panischer Angst vor dem Verfolger. Dabei tritt sie im Laufen auf den Kopf einer Schlange und wird von dem Tier in den Knöchel gebissen. Bewußtlos stürzt sie zu Boden. Ihre Gefährtinnen beweinen sie schmerzlich und ihre Klagen dringen bis tief in die Gebirge und Täler hinein. Als Orpheus herbeieilt, ist seine junge Frau schon in den Hades entrückt.

Mit wehklagendem Gesang wandert ihr Orpheus nach, quer durch das ganze Land, bis zur südlichsten Spitze des Peloponnes. Seine Liebe zu Eurydike ist so groß, daß er das Unmögliche wagt und bei Tainaron hinab in die Tiefe der Unterwelt steigt.

Als er an den Styx kommt zu Charon, dem Fährmann, und Kerberos, der das Tor zur Unterwelt schrecklich bewacht, läßt er seine Leier so herrlich erklingen, daß er selbst diese rührt und sie ihm den Eintritt gewähren. Vor Persephone tritt er hin und vor Hades, den Herren im wüsten Reiche der Schatten, und erfleht, die Leier schlagend, in schmerzvollen Liedern die Gattin von den Göttern zurück. Tief bewegt er alle, die ihn hören, mit seiner Musik; die blutlosen Seelen beginnen zu weinen und zum ersten Mal netzen Tränen die Wangen der wilden Erinnyen. Hades nicht und auch nicht die Gattin des Herrschers vermögen, ihm den flehenden Wunsch zu versagen, und so rufen sie Eurydike von den jungen Schatten herbei; noch ist ihr Schritt gehemmt durch die tödliche Wunde. So empfängt der Sänger die Gattin, jedoch mit dem strengen Gebot, nicht eher die Augen nach ihr rückzuwenden, als bis er ganz die Schlucht des Todes durchschritten. Sonst sei die Rückkehr zur Erde verloren.

Stumm steigen sie beide den steilen, von schattenden Dünsten umwobenen, düsteren Pfad hinan, da wendet sich Orpheus in Sorge und Sehnsucht nach der Geliebten - und schon entgleitet sie ihm. Die Arme streckend, um vom Gatten gehalten zu werden, greift sie mit den Händen nur flüchtige Luft und haucht, kaum mehr vernehmbar, ein Lebewohl. Zurück sinkt sie, woher sie gekommen.

Orpheus erstarrt beim erneuten Tod der geliebten Gemahlin. Ohne Speise und Trank sitzt er sieben Tage am Ufer des Unterweltstromes, erfüllt von tiefer Trauer, Reue und Schmerz. Ein zweites Mal wird ihm der Zugang in die Tiefe verwehrt. Grausam, so klagt er, seien die Götter und er kehrt verzweifelt, aller Frauenliebe für immer entsagend, ins sturmumtobte Gebirge zurück.

Die thrakischen Mainaden, mit denen zusammen Orpheus in glücklicheren Tagen manchen Festzug des Dionysos singend begleitet, grollen dem Sänger, da er sich ihnen entzieht. Eines Tages durchstreifen sie die Wälder und erblicken von der Kuppe eines Hügels herab plötzlich den Sänger, wie er zu seinen Liedern die Saiten der Leier kunstvoll schlägt. Wütend wegen seiner Verachtung der weiblichen Liebe, stürzen sie vom Hügel herab und fallen wie im Wahnsinn über ihn her. Sie schleudern Brocken von Erde, abgebrochene Äste und harte Steine von allen Seiten auf den wehrlosen Mann. Schon färbt das Blut des Sängers den waldigen Boden. Flehend streckt er den Rasenden die Hände entgegen, erhebt seine göttliche Stimme, doch zum ersten Mal sind seine Worte vergebens. Die Mainaden zerreißen den Körper des göttlichen Orpheus und werfen den Kopf des Sängers mit der Leier vereint in den Fluß. Der Hebros treibt beide weit hinaus ins offene Meer bis an die Küste von Lesbos. Die Bewohner der Insel errichten ein Heiligtum, sowie ein Orakel und begraben dort das Haupt des getöteten Orpheus. Über dieser Stelle sollen seither die Nachtigallen so schön und sehnsuchtsvoll singen wie sonst nirgendwo auf der Welt. Die Leier wird im Tempel Apollons verwahrt. Wenn der Wind durch die Saiten streicht, erklingt sie mit klagendem Ton und erinnert an das Schicksal von Orpheus und Eurydike.

Voll Schmerz beweinen die Vögel, die wilden Tiere, die Felsen den bewunderten Sänger. Die Bäume werfen ihre Blätter ab zum Zeichen der Trauer und die Flüsse schwellen an von den eigenen Tränen.

Lange schon ist der Schatten von Orpheus in den Hades entrückt. Endlich findet er die geliebte Gattin und umschlingt sie mit sehnenden Armen. Vereint wandeln sie dort im schattigen Reich und ohne Gefahr kann Orpheus den Blick nach Eurydike nun wenden.

In sternklaren Nächten strahlt nun für alle Zeit das Bild der Leier hell vom Himmel herab und erzählt von Orpheus und seiner verlorenen, aber im Tode wieder gefundenen Liebe.

Schwan

Tief hängen die schmalblättrig bewachsenen Äste der Weiden über das ruhig fließende Wasser des Flusses Eurotas herab. Von Gesträuch und hochwachsenden Stauden umgeben, laden kleine sandige Buchten ein zu erholsamer Rast und kühlendem Bad. Leda, die Gemahlin von Tyndareos, des Königs von Sparta, hat sich vor der Hitze des Tages hierher begeben und erfrischt ihre Glieder in den sanft sich kräuselnden Fluten.

Schon hat Zeus, der oberste Herrscher im hohen Olymp, die schöne, schlankfüßige Leda erblickt. Eine herrliche und begehrenswerte Geliebte erscheint sie dem schnell entflammbaren Gott. Doch wie sich ihr nahen, ohne sie zu verderben durch den für Sterbliche tödlichen, strahlenden Glanz seiner wahren Erscheinung?

Schwan

Den Kopf erhoben auf gebogenem Hals und die weißen Flügel leicht nach außen gespreizt, ziehen am Fluß drei Schwäne dahin. Schnell ist der Entschluß des Gottes gefaßt. Zeus schlüpft in das flaumige Gefieder eines schneeweißen Schwanes und gleitet majestätisch durch die Wellen auf die junge Königin zu. Überrascht blickt sie auf, doch schon hat der Gott seine Flügel in Liebe über die Ersehnte gebreitet und feiert Hochzeit mit ihr in Schwanengestalt.

In der selben Nacht noch teilt Leda mit ihrem Gatten Tyndareos das Lager. Aus zwei Schwaneneiern werden zwei Zwillingspaare geboren, die von zwei Vätern gezeugten Kinder: Aus den Schalen des einen Eies entschlüpfen Kastor, des Tyndareos sterblicher Sohn, und Polydeukes, der von Zeus mit Leda Gezeugte; aus dem zweiten hingegen zwei Mädchen: Helena, die göttliche Tochter des Zeus, und Klytämnestra, die irdische Tochter des Königs von Sparta.

Von den besten Lehrern des Landes unterrichtet, wachsen die unzertrennlichen Brüder Kastor und Polydeukes im Königspalast zu Sparta heran. Stolz und Freude erfüllt die glücklichen Eltern und auch die Stadt beim Anblick der kräftigen, schönen Jünglingsgestalten.

Doch wundersame Geschichten werden bald von den beiden erzählt. Wenn winterliche Stürme über das eisige Mittelmeer ziehen, rufen die Seefahrer in ihrer Not die Zwillinge an und bringen ihnen ein weißes Böcklein als Bittopfer dar. Plötzlich erscheinen dann manchesmal Kastor und Polydeukes, mit goldenen Flügeln den Luftraum durchschwebend. Wie Sterne leuchten sie zu beiden Seiten des Schiffes und stillen das wütende Toben der See.

Aber auch bei gefährlichen Schlachten erweisen sich die Zwillingsbrüder als Retter der Menschen. Groß jagen sie auf weißen Rossen daher, sichern den Sieg und entschwinden so eilends, wie sie gekommen.

Zahllos sind die mutigen Taten von Kastor und Polydeukes. Zwölf Jahre ist Helena, ihre Schwester, erst und schon von betörender Schönheit, als sie von

Theseus entführt wird. Sofort ziehen die Brüder los, verwüsten das attische Land, bis sie das Versteck der geraubten Schwester erfahren, befreien das Mädchen und bringen Helena heim zu Leda, ihrer angstvoll wartenden Mutter.

Von den Göttern werden die Brüder, Kastor, der Rossebändiger, und Polydeukes, der im Faustkampf Tüchtige, gerne zu ihren Gastmählern in den Olymp eingeladen und dürfen sich der göttlichen Zuneigung dankbar erfreuen. Auf das innigste sind die Brüder verbunden durch ihre Zwillingsgeburt, und doch wieder tief dadurch getrennt, daß Polydeukes unsterblich ist, nicht jedoch Kastor durch den irdischen Vater.

Am Sternenzelt erkennt man Kastor und Polydeukes als zwei Jünglingsgestalten, wie sie einander umarmen, ein Sinnbild großer, unzertrennlicher Bruderliebe. Ihre Blicke gehen weit nach Westen hinüber zum ruhig fliegenden Schwan, in dessen Gestalt Zeus sich einst ihrer Mutter vermählte.

Adler und Pfeil

Mächtig breitet der Adler, der Vogel des Zeus, seine Schwingen aus und zieht in weiten Bögen über den Himmel dahin. Sein scharfes Auge sucht nach seinem täglichen Ziel, dem im Kaukasus nackt an einen schroffen Felsen geschmiedeten Titanen Prometheus. Kaum hat er sein Opfer erblickt, da stößt er, die Flügel nach hinten gefaltet, im rasenden Sturzflug zur Erde und schlägt beim Landen seine scharfen Krallen in das Fleisch des gefesselten Körpers. Mit seinem starken Schnabel hackt er den Leib des Unglücklichen auf, frißt an seiner Leber und reißt gierig blutige Stücke heraus. Gesättigt fliegt er wieder auf zum hohen Olymp, wo er als Diener des höchsten der Götter die Donner zurückholt, die Zeus in die Lüfte gesendet.

Atlas und Prometheus

Ein schauriges Motiv ist diese frühe mythologische Darstellung aus dem 6. Jahrhundert v. Chr.

Zwei Brüder sieht man hier, Atlas und Prometheus, die viel zu erdulden hatten. Atlas wurde wegen seiner Teilnahme am Kampf gegen die Götter zum Tragen des Himmelsgewölbes verurteilt. Prometheus brachte gegen den Willen der Götter den Menschen das Feuer und wurde gefesselt einem Adler preisgegeben, der ihm täglich den Leib aufhackte.

Die schwarzfigurige Schale, die dieses Motiv zeigt, steht im Vatikanischen Museum in Rom.

Adler und Pfeil

Der Titan Prometheus ist ein Enkel von Gaia, der Erde, und Uranos, dem gestirnten Himmel. Ihr Sohn Japetos führte die schöne Klymene als Gattin heim und bestieg mit ihr das festlich geschmückte Lager. Sie gebar ihm den harten Atlas und das Brüderpaar Prometheus, den Vorausdenkenden, und Epimetheus, den nachträglich Lernenden.

Früh schon verwickelte sich Prometheus, ein rebellischer Jüngling, in Kämpfe, die zwischen den Göttern und den Titanen über viele Jahre heftig hin und her tobten. Besonders aber erregte er den Zorn der unsterblichen Götter, als er daran ging, ein Menschengeschlecht zu erschaffen. Aus geschmeidigem, kühlem Lehm formte er kunstvoll Gestalten nach dem Bilde der regierenden Götter und ließ sie ihr Gesicht stolz zu den Sternen erheben. Athene hauchte ihnen mit ihrem göttlichen Atem die Seele ein und das Leben.

Zeus erschienen die neuen Wesen viel zu zerbrechlich und er trug sich mit dem Gedanken, sie zu vernichten und stärkere, bessere zu erschaffen. Daher verlangte er von den Menschen, den größten und besten Teil ihrer Nahrung am Altare zu opfern, um sie so dem Hungertod preiszugeben. Prometheus gelang es, dies durch ein Treffen zwischen Göttern und Menschen klug zu verhindern, wobei bestimmt werden sollte, welche Teile eines geopferten Tieres ab nun den Göttern gehörten. Schiedsrichter sollte Prometheus sein. Er jedoch mißbrauchte das große, in ihn gesetzte Vertrauen listig zum Vorteil der Menschen. Ein frisch geschlachteter, gewaltiger Stier wurde von ihm in zwei Teile zerlegt: Für den einen Teil umhüllte er mit schimmerndem Fett die wertlosen Knochen und beim anderen stopfte er die besten Stücke des saftigen Fleisches in den wenig verlockenden Magen. Zeus, aufgefordert, zwischen beiden zu wählen, griff mit beiden Händen den weißen, fettglänzenden Teil. Als er die kunstvoll verborgenen Knochen entdeckte, entzog Zeus wütend über den frechen Betrug den Menschen für alle Zeiten das Feuer. Frieren sollten sie, und, den wilden Tieren des Waldes gleich, von ungekochten Pflanzen leben und rohem Fleisch.

In Sorge um das von ihm geschaffene Menschengeschlecht lehnte Prometheus sich auf gegen diesen Beschluß. Er wandte sich an Athene, die vielen Helden in ihrer Not schon Hilfe erwiesen, und bat sie um heimlichen Einlaß in den Olymp. Leise gewährte dies die Göttin der Weisheit und auch des Krieges. Zum feurigen Sonnenwagen schlich eilig Prometheus, entzündete daran eine Fackel und brachte, in dem hohlen Rohr einer Narthexstaude verborgen, den Menschen das Feuer freudig wieder zurück.

Zeus tobte vor Zorn, als er in der Finsternis der Nacht den Schein der brennenden Lichter auf Erden sah, und er dachte sich ein Übel aus für das ganze Menschengeschlecht. Er befahl Hephaistos, das Gleichnis eines unschuldigen, jungen Mädchens aus Lehm zu erschaffen, den Göttinnen gleich an Schönheit und Anmut. Athene schmückte auf Wunsch des Zeus die junge Frau mit einem weißen, schimmernden Kleid und legte einen goldenen Kranz auf ihr Haar, von dem ein zarter Schleier mit Blumengirlanden wolkig herabfiel. Aphrodite verlieh ihrem Gesicht einen sehnsuchtserweckenden Liebreiz, sodaß alle Männer sie leidenschaftlich begehren mußten. Und Hermes wurde befohlen, dem neuen Geschöpf Lügen, Betrug und Schamlosigkeit einzuflößen. Sie erhielt den Namen Pandora, die Allbegabte, und noch keine schönere Frau hatte die Welt je gesehen. Doch hinter dem Antlitz einer strahlenden Göttin verbarg sich ein Wesen voll Gier und niederem Sinn. Zuletzt überreichten ihr die Götter eine versiegelte Büchse, in der alle Übel und Plagen der Welt, aber auch die trügerische Hoffnung verborgen und verschlossen waren, und geboten Pandora, sie niemals zu öffnen.

So herrlich geschmückt wurde sie Epimetheus, dem gutmütigen Bruder des Prometheus, als Braut zugeführt. Obwohl Prometheus seinen Bruder vor jeder

Adler und Pfeil

Gabe des rachesinnenden, höchsten Gottes gewarnt hatte, vergaß Epimetheus den Rat beim Anblick Pandoras. Er nahm das Geschenk der Götter glückstrahlend an, zum eigenen und der Menschheit späterem Unglück.

Neugierig öffnete bald darauf Pandora die versiegelte Büchse und alle Übel, Laster, Alter, Krankheit und Tod, welche die Menschen vorher nicht kannten, entwichen daraus und verbreiteten sich in Windeseile über die Erde. Die trügerische Hoffnung, die zu unterst in der Büchse gelegen, bewirkte jedoch, daß die Menschen ihrem Leid nicht durch den Tod ein freiwilliges Ende setzten, sondern sie hoffen ließ auf eine mögliche Wendung zum Guten.

Den aufbegehrenden Rebellen Prometheus, der sich frevlerisch gegen den Willen der unsterblichen Götter gewandt, ließ der zürnende Zeus von Hephaistos, dem kunstvollen Schmied, zur Strafe weit weg von den Menschen an einen hochaufragenden Felsen im Kaukasus schmieden.

Dreißigtausend Jahre schon erleidet Prometheus, von Stürmen und Gewittern umtobt, von Kälte und Hitze gepeinigt, täglich die schrecklichen Qualen. Des Nachts, wenn sich Finsternis still um ihn legt, erneuert sich die zerfetzte Leber, um mit Anbruch des nächsten Tages vom heranfliegenden Adler wieder zerrissen zu werden.

Bis in alle Ewigkeit ist ihm dieses Schicksal bestimmt. Da kommt Herakles, der große Held, auf seinem Weg zu den Gärten der Hesperiden am rauhen Gebirge vorbei und erblickt den gequälten Prometheus. Seine fragenden Worte verlieren sich im Rauschen der Flügel des herabstoßenden Adlers. Ohne zu zögern, spannt Herakles seinen elastischen Bogen und schon schnellt der vergiftete, Verderben bringende Pfeil von der Sehne. Tödlich getroffen stürzt der riesige Vogel zu Boden.

Wie seltsam, daß Zeus diese Tat des Helden nicht grausam bestraft! Oder stimmt vielmehr jener Bericht, daß Zeus die Bestrafung des Prometheus längst schon bereut und Gnade walten läßt, als flehend Herakles für Prometheus diese erbittet? Einen Ring aus dem Eisen seiner Ketten mit einem Stein aus dem kaukasischen Felsen muß Prometheus jedoch für alle Zeit tragen, als Zeichen, daß er noch immer Gefangener des obersten Herrschers des Himmels ist.

In vielen Nächten fliegt seit dieser Tat der mächtige Adler, der treue Diener und Kämpfer des Zeus, mit ausgebreiteten Schwingen durch das sternenhell leuchtende Himmelsrund. Schwach schimmert über dem Kopf des göttlichen Vogels des Herakles' todbringender Pfeil.

Schütze

Golden war das Zeitalter noch, als Kronos über den Himmel und über die vom Weltenstrom Okeanos umflossene Erde allmächtig herrschte. An seiner Seite saß Rhea, seine Schwester, als Gattin und hielt einen Zweig der ihr von den Menschen geweihten Eiche zwischen den langgliedrigen Fingern.

An einem von Helios, dem Sonnengott, strahlend erwärmten Spätsommertag begibt Kronos sich vom hohen Olymp nach Thessalien hinab. Der Gott durchwandert gelassen einen lichten Hain, als er Philyra, die schöne Tochter des Okeanos, erblickt. Bezaubert von ihrem Anblick, umwirbt er sie feurig und erwartet, wie es sich einem Gott gegenüber geziemt, die Erwiderung seiner Gefühle. Und er hat nicht vergeblich gehofft. Verführt durch den Glanz seiner dunklen Augen, die schmeichelnden Worte und seine schöne Erscheinung, ist Philyra bereit, dem stürmischen Kronos zu folgen.

Chiron, ein Kentaur

Kentauren waren bergwaldbewohnende, ungezügelte Wesen, die einen menschlichen Oberkörper und einen Pferdeleib hatten.

Der umseitig abgebildete Chiron war dagegen eine Ausnahme. Man darf ihn daher auch nicht mit jenen Wüstlingen gleicher Gestalt verwechseln. Chiron hatte nämlich andere Eltern: Kronos wollte einst seine Leidenschaft für Philyra vor seiner Frau Rhea verbergen und näherte sich der Nymphe Philyra als Hengst. Sie ließ es geschehen und brachte Chiron zur Welt. Chiron hatte ein freundliches Wesen, er war weise, heilkundig, er war ein Freund der Künste und liebte die Musik. Der Mythos weiß, daß Chiron als Lehrer vieler großer Heroen wirkte.

Das Chiron-Motiv findet sich auf einer griechischen Vase, die aus dem 5. Jahrhundert v. Chr. stammt (Louvre, Paris).

Um jedoch von den forschenden Augen Rheas, seiner eifersüchtigen Gattin, bei seinem Seitensprung nicht entdeckt zu werden, verwandelt sich Kronos in die Gestalt eines hochgewachsenen Hengstes.

In der Kühle einer verborgenen Höhle liegen sie eng umschlungen, als ein Schatten den lichterfüllten Eingang verdunkelt. Rhea ist es, die zürnende Gattin, die das Paar überrascht. Noch ehe Rheas Augen an das Dunkel gewöhnt sind, springt der ertappte Gott aus den Armen der Geliebten auf und galoppiert fliehend an Rhea vorbei aus der Höhle. Von Kronos alleine gelassen, flieht auch Philyra aus Angst und aus Scham.

Im nächsten Jahr gebiert Philyra das Kind, einen Kentaur, ein Wesen mit dem Leib eines Pferdes und einem Oberkörper, der dem eines Menschen gleicht. Als die junge Mutter das Neugeborene zum ersten Mal sieht, wendet sie sich voll Entsetzen und Abscheu von der Mißgeburt ab. Nur widerwillig säugt sie das zwiegestaltige Kind. Verzweifelt fleht sie die Götter an, sie von ihrem harten Los zu befreien und in eine andere Gestalt zu verwandeln.

Und die Götter erbarmen sich der unglückseligen Frau. Schon wachsen ihre Füße am Boden fest und treiben dort, wo sie steht, Wurzeln ins weiche Erdreich. Ihre flehend zum Himmel gestreckten Arme werden zu unzähligen Ästen und bedecken sich mit herzförmigen Blättern. Langsam überzieht eine glatte, graugrüne Rinde die ganze Gestalt und verwandelt Philyra in eine Linde.

Dem jungen Kentaur wird der Name Chiron gegeben und er wächst zu einem freundlichen, weisen und heilkundigen Manne heran, der alle Künste sehr liebt, die Musik aber vor allen. Apollon, mit dem ihn tiefe Freundschaft verbindet, gewährt ihm die Gabe des Bogenschießens.

Über den ganzen Erdkreis verbreitet sich bald sein Ruhm als Arzt, Gelehrter und als Prophet. Mit seiner Frau Chariklo wohnt Chiron im tiefen Eichenwald in einer Höhle am Berge Pelion, wo er viele große Helden erzieht und ihnen Unterricht in der Wissenschaft, Medizin und der Kunst des Jagens erteilt.

Die Keule in seiner Hand und mit dem Fell des Löwen bekleidet, besucht Herakles eines Tages den unsterblichen Chiron. Gastlich wird er empfangen. Während Achilles, der Schüler, das struppige Fell keck betastet, bewundert Chiron die mit dem Gift der Lernäischen Hydra getränkten Pfeile des Helden. Durch Unachtsamkeit fällt einer herab und durchbohrt dem Meister den linken Fuß. Aufstöhnend zieht Chiron das Eisen aus seinem Körper und läßt die Wunde sofort mit heilenden Kräutern versorgen. Doch jegliche Hilfe kommt für den gütigen Chiron zu spät. Unaufhaltsam vermischt sich das Blut der Hydra mit dem des Kentauren und dringt verderbenbringend selbst ein in die Knochen. Das gefräßige Gift erfaßt seinen ganzen Körper und bereitet ihm unerträgliche Schmerzen.

Von allen wird er in Liebe umsorgt und getröstet. Unter Tränen streichelt sein Schüler Achilles die kranken Hände des Lehrers, küßt ihn und dankt ihm, der ihn unterrichtet und sein Wesen geformt.

Doch ohne Ende ist für einen Unsterblichen das Leiden. Der gemarterte Chiron bittet Zeus um den erlösenden Tod und rettet so Prometheus von seinen ewigen Qualen. Denn erst wenn ein Unsterblicher bereit ist, für ihn sein Leben zu lassen, - so hatte Zeus einst geschworen - ist Prometheus von der über ihn verhängten Strafe befreit.

Geheimnisvoll verwandelt sich Chiron im Sterben. Am neunten Tage legen sich vierzehn Sterne um den Körper des weisen, gerechten Kentauren. Als Sternbild des Schützen wird er von Zeus an den hohen Himmel gesetzt.

Skorpion

Der schönste von allen Männern des Erdenrunds und unter den Söhnen der Götter ist Orion, der, von seinen Hunden begleitet, jagend die Wälder und Fluren durchschweift. Ob seiner Schönheit wird er von vielen Frauen, selbst von Göttinnen heiß begehrt.

Doch das Leben des Helden ist von Unruhe und tiefem Ernst überschattet, denn fürchterlich wurde er auf der Insel Chios von Oinopion, einem Sohn von Dionysos und Ariadne, betrogen, als er um die Hand von Merope, seiner Tochter, warb. Wütend betrank sich Orion und vergewaltigte im Rausch die begehrte Frau, worauf ihn Oinopion grausam geblendet an die Küste des Meeres warf. Erst als die Strahlen des Sonnengottes Helios die leeren Augenhöhlen beschienen, wurde Orion wieder geheilt.

Zutiefst erregt kehrt Orion auf die Insel zurück, um an Oinopion schreckliche Rache zu üben. Vergeblich ist jedoch all sein Suchen, denn Oinopion hat sich in einer von Hephaistos erbauten, unauffindbaren, unterirdischen Behausung sicher versteckt. Von Rachegedanken beflügelt, segelt Orion weiter nach Kreta in der Hoffnung, dort eine Spur des Gesuchten zu finden.

Kaum ist er gelandet, da begegnet er Artemis, der schlanken Göttin der Jagd, die mit ihren jungen Gefährtinnen gerade des Weges einher kommt. Ewige Jungfräulichkeit hatte Artemis als dreijähriges Kind bereits von ihrem Vater, dem mächtigen Zeus, erbeten und nur ungern erfüllte der Gott seiner geliebten Tochter diesen ihm völlig unverständlichen Wunsch. Als Artemis nun den Orion erblickt, hemmt die keusche Göttin verwirrt ihren Schritt. Die Schönheit des riesigen Mannes läßt sie nicht unberührt und sie überredet Orion, die Rachegedanken für alle Zeit zu vergessen und mit ihr gemeinsam die wildreichen Wälder zu durchstreifen. Orion, der mit Artemis die Leidenschaft für das Jagen teilt, willigt ein, wird ihr Beschützer und ihr Begleiter.

Unter den jungfräulichen Gefährtinnen der Göttin befinden sich auch die sieben Töchter des himmeltragenden Atlas. Orion verliebt sich heftig in diese liebreizenden Pleiaden und stellt ihrer Tugend begehrlich nach. Sieben Jahre lang verfolgt Orion die immer schnelleren Schrittes entfliehenden Mädchen, bis sich die Götter der Erschöpften erbarmen. In wilde Tauben verwandelt, werden sie, unerreichbar für den schönen Orion, unter die Sterne gesetzt.

Artemis zürnt dem Orion nicht nur wegen seiner jahrelangen, leidenschaftlichen Neigung zu den Pleiaden, sondern auch, weil er mit Eos, der rosenfingrigen Göttin der Morgenröte, auf Delos zärtlich das Lager geteilt.

Unermüdlich durchstreift Orion die dichten Wälder, immer heftiger wird seine unermeßliche Jagdlust. Stolz brüstet er sich, alle wilden Tiere und Ungeheuer der Erde vernichten zu wollen. Apollon, der Zwillingsbruder von Artemis, fürchtet besorgt, daß seine jungfräuliche Schwester den Reizen des schönen Orions doch noch erliegen könnte, und so eilt er zu Gaia, der Mutter Erde, und wiederholt die prahlenden Worte des Helden. Voll Sorge um das Schicksal der Tiere, erzeugt Gaia einen riesigen, stachelbewehrten Skorpion und hetzt ihn auf den maßlosen Jäger. Mit Pfeilen und seinem Schwert wehrt sich Orion, doch undurchdringbar ist der Panzer des Tieres für die Waffen eines sterblichen Menschen. Orion, der schöne, strahlende Jäger, stirbt durch den Stich des von Gaia gesandten unbesiegbaren Skorpions.

Weit hatte Orion sich von sich selber entfernt; gefangen in einer Welt der hemmungslosen Jagdlust und des sinnlosen Tötens war sein Leben zum Scheitern bestimmt.

Voll Verzweiflung setzt Artemis den von ihr heimlich geliebten Orion, den Himmel hell überstrahlend, unter die Sterne; ewig verfolgt vom riesigen Skorpion, der drohend über den Horizont steigt, wenn Orion im Westen entweicht.

Schlange und Schlangenträger

Keine ist schöner in ganz Thessalien als Koronis, die Tochter des Königs der Lapithen. Gerne wandelt sie an der Küste des thessalischen Sees Boibeis und erfrischt in seinen kühlen Fluten ihre schlankgliedrigen Füße.

Apollon, der Gott der Weissagung und der Künste, der Musik aber vor allem, verliebt sich in das liebliche Mädchen, und in einer schwachen Stunde läßt sich die Schöne von dem strahlenden Gott verführen. Wie sehr Apollons Kunst, die Leier zu schlagen, und sein schöner Gesang ihm geholfen, Koronis für sich zu gewinnen, darüber schweigen lächelnd die Götter.

Eifersüchtig wacht Apollon über seine Geliebte und, um ihrer Treue ganz sicher zu sein, befiehlt er seinem Lieblingsvogel, dem weißgefiederten Raben, Koronis streng zu bewachen. Ahnungslos ist der Gott indessen, daß Koronis schon lange für Ischys, den starken Arkadier, eine heimliche Leidenschaft hegt. Während Apollon in Erfüllung seiner göttlichen Pflichten in Delphi bei seinem Orakel weilt, holt sie sich den sehnsüchtig begehrten Mann in ihr einsames Bett. Kreischend fliegt der Rabe bei diesem entsetzlichen Anblick auf, um den Treubruch zu melden und als Zeuge für seine Wachsamkeit von Apollon den gerechten Lohn zu erhalten. In eilendem Flug hat er Delphi erreicht und berichtet, mit den Flügeln aufgeregt schlagend, daß er Ischys bei Koronis habe liegen gesehen.

Apollon erbleicht, alle Heiterkeit schwindet aus seinem hellen Gesicht und der Lorbeer gleitet von seinem Haupt. Wie eine Welle überströmt glühender Zorn seinen Körper. Bebend ergreift er die gewohnte Waffe, spannt den göttlichen Bogen und durchbohrt die Brust, die oftmals an der seinen gelegen, mit seinem unentrinnbaren Pfeil. Stöhnend zieht Koronis das Eisen aus der heftig blutenden Wunde. Während mit dem purpurnen Blut ihr Leben verströmt, bekennt Koronis ihre große Schuld und wünscht, sie hätte zuvor Apollons Sohn noch zur Welt bringen können, der mit ihr ins Reich des Todes nun geht.

Tief bereut Apollon nun seine grausame Strafe, haßt sich selbst, daß er in Wut so entbrannte. Alles ist ihm verhaßt, der Vogel, der ihm die Nachricht gebracht, der Bogen, seine Hände, die ihn gespannt, und der unheilbringende Pfeil. Erwärmen möchte er die im Tode erkaltete Geliebte, deren Seele schon lange entwichen. Vergeblich sucht er, das Schicksal zu zwingen, vergeblich übt er seine ärztliche Kunst, die dort versagt, wo er selber getötet.

Noch einmal umarmt Apollon seufzend und voll Reue die durch eigene Schuld verlorene Geliebte und besprengt sie mit duftenden Ölen. Schon ist der Holzstoß geschlichtet, um ihren Leib zu verbrennen, und das Feuer daran gelegt. Da kann Apollon es nicht ertragen, daß mit Koronis auch die Frucht seines Samens verderbe, und er entreißt seinen Sohn den lodernden Flammen und dem Schoß der Geliebten.

Zeus, der höchste der Götter, rächt den an seinem Sohne Apollon begangenen Treubruch und tötet Ischys, den heimlichen Liebhaber der schönen Koronis, mit seinem versengenden Blitz.

Den schwatzhaften Raben aber, der einst wie Silber in seinem hellen Federkleid strahlte, verwandelt Apollon zur Strafe in einen Vogel mit schwarzem Gefieder. Schweigen hätte er sollen oder aber dem Ischys die Augen aushacken, bevor dieser noch, den Gott hintergehend, mit Koronis schlief.

Asklepios nennt Apollon seinen geretteten Sohn und bringt ihn zu dem Kentauren Chiron, der mit seiner Frau Chariklo in einer Höhle des Berges Pelion in Thessalien lebt. Von dem weisen Chiron lernt der Knabe die Wissenschaft der Medizin und die Kunst des Jagens. Aber auch sein Vater Apollon, der Arzt der unsterblichen Götter, weiht seinen Sohn in das geheime Wissen seiner Heilkunst ein.

Bald ist Asklepios in der Chirurgie und dem Gebrauch der Kräuter und Drogen so erfahren, daß er weit über Thessalien hinaus als Vater der Medizin hoch geehrt wird. Die Schlangen sind dem Asklepios heilig und zu wiederholten Malen verkörpert er sich in ihnen, wenn er den Menschen zu Hilfe eilt. Doch nicht nur Kranke zu heilen, ist ihm gegeben, selbst Tote kann er wiedererwecken. Athene hatte ihm ein Glas mit dem Blut der Medusa gegeben, das bei ihrem Tode der linken Seite entsprang. Mit einem Tropfen dieses gorgonischen Blutes kann Asklepios Tote zurück in das Leben holen, während Athene mit dem Blut, das sie der rechten Seite entnommen, Kriege anstiftet und Leben zerstört.

Hades, der dunkle Gott des unterirdischen Reiches, beklagt sich heftig bei Zeus, daß Asklepios ihm seine Untertanen entführt. Die Wiedererweckung der Toten hatte den Zorn des Zeus schon lange erregt. Groß ist seine Furcht, die Menschen könnten einander durch die Heilkunst selber erretten und der Hilfe der Götter nicht mehr bedürfen, und so erschlägt er, ohne zu zaudern, den göttlichen Arzt mit dem Donnerkeil.

Prophetisch hatte Okyrrhoe, des Chirons rothaarige Tochter, vorausgesagt, daß der göttliche Asklepios einst sterben, aber vom Tode wiedererweckt, erneut unter den Sterblichen weilen wird. Zweimaliges Dasein sei dem Asklepios auf Erden beschieden. Wunderbar erfüllen sich diese Worte, denn der mächtige Zeus schenkt später dem Asklepios wieder das Leben und seine gottgleiche Gestalt.

Apollon, der Strahlende, versetzt seinen Sohn, den im ganzen Erdenrund bewunderten Arzt, als Schlangenträger mit der ihm heiligen Schlange groß unter die leuchtenden Sterne.

Steinbock

In der Stille des hohen Mittags ruht Pan, der Gott der Hirten und des Weidelandes, im Schatten eines weit ausladenden Baumes von seinen Wanderungen durch Arkadien aus. Wehe demjenigen, der seinen Schlaf stört; selbst sein göttlicher Vater Hermes scheut sich, den bocksfüßigen und gehörnten Sohn aus den Träumen zu wecken. Wütend wird Pan dann und stößt einen Schrei aus, so erschreckend und grell, daß alle in großer Angst fliehen.

Nun aber liegt ein Lächeln auf seinem Faunsgesicht, denn im Traume erscheint ihm Syrinx, die schönste aller arkadischen Nymphen, die im Gefolge von Artemis, der Göttin der Jagd, die Wälder durchstreifte. Oft schon wurde sie von Satyrn und anderen Göttern des Waldes ob ihrer Schönheit verfolgt, doch stets war sie ihnen entschlüpft und konnte die der Göttin gelobte Jungfräulichkeit wahren.

Eines Nachmittags sah Pan, als er gerade seine kleinen Hörner mit geschmeidigen Fichtenzweigen umkränzte, von einer Bergspitze aus die liebliche Nymphe. Das Haar zu einem schlichten Knoten gewunden und in leichtem Gewand schritt sie schlankfüßig dahin. Den Bogen aus Horn hielt sie in ihrer Linken, während der Köcher an einem blauen Band locker von der Schulter herabhing. Kaum hatte Pan Syrinx erblickt, wünschte der ewig lüsterne Waldgott nur eines: sie zu besitzen. In großen Sätzen sprang er über Geröll und Felsen den Hang hinab, holte eilends sie ein und bedrängte die Jungfrau mit seinen begehrlichen Wünschen. Entsetzt wies Syrinx seine frechen Bitten zurück und floh bebenden Fußes durch den mit zahllosen Bäumen und Büschen bestandenen Wald, den vor ihr kaum ein Mensch noch betreten. Schon glaubte sie, Pan hätte ihre Spuren verloren, da hörte sie ihn, einem Eber gleich, durch das Unterholz brechen. Rascher als ein Lufthauch flog sie dahin, doch der liebestolle Pan blieb ihr dicht auf den Fersen. Plötzlich hemmte der Flußlauf des sandigen Ladon ihre verzweifelte Flucht. Angsterfüllt schrie Syrinx auf, denn schon spürte sie seinen keuchenden Atem heiß auf ihrem Nacken, auf ihrem Haar. Von den Wellen am Weitereilen gehemmt, flehte sie ihre Schwestern, die Nymphen des Wassers, an, sie durch Verwandlung vor der drohenden Schmach zu bewahren. Sanft und kühl umspülte antwortgebend der Fluß ihre Füße.

Verlangend streckte Pan seine Hände, um den zitternden Körper von Syrinx zu fassen, doch nur Schilfrohr umschlang er, wie es an feuchten Ufern von langsam fließenden Gewässern gedeiht. Überrascht hielt er inne. So nahe war er der Erfüllung seiner Wünsche gewesen! Er seufzte in tiefer Enttäuschung und trauerte ein wenig um die verlorene, köstliche Gelegenheit, die begehrte Nymphe ganz zu besitzen.

Ein leichter Wind strich durch die Halme des Schilfs und entlockte ihnen einen süßen, klagenden Ton. Entzückt hörte Pan diesen Klang. Sehnsucht erfüllte ihn, Syrinx wenigstens in ihrer verwandelten Gestalt zu berühren. Und so schnitt er sich Rohre verschiedener Länge von den sich wiegenden Halmen und verband sie mit weichem Wachs zu einer vieltönigen Flöte, der er den Namen der unerreichbaren Nymphe Syrinx gab.

Immer, wenn er auf diesem neuen herrlichen Instrument nun spielt, gedenkt er der lieblichen Nymphe und wie sie mit wehendem Gewand, in ihrer Angst schöner denn je, vor ihm über den Waldboden leichtfüßig floh.

Dort, wo die hilfreichen Nymphen gewohnt, wählt Pan jetzt seine Behausung, umstanden von leichtem, schwankendem Schilfrohr.

Einst wird Pan Zeus, dem höchsten der Götter, einen bedeutenden Dienst erweisen und ihm dadurch helfen, seine Herrschaft zu sichern. Zum Dank läßt Zeus den liebestollen, bocksfüßigen Pan als Sternbild des Steinbocks durch den nächtlichen Himmelsraum springen.

HERBST

Der Sternenhimmel Anfang November um 20 Uhr

(Karte 10)

Wie man die Sternbilder am Himmel auffindet und wie man die Himmelskarten richtig liest, wird am Ende des Buches ausführlich besprochen. Fürs erste genügt es zu wissen, daß der Mittelpunkt der kreisförmigen Karte jenen Teil des Himmels zeigt, der genau über dem Betrachter liegt.

Wendet man sich unter dem freien Himmel nach Süden, dann sieht man jene Sternbilder vor sich, die die untere Hälfte der Himmelskarte zeigt:

- Fast genau über dem Beobachter sieht man das helle Sternbild der *Kassiopeia*. Hell leuchtende Sterne bilden ein deutliches W oder M am Himmel, je nachdem, von welcher Seite man das Sternbild betrachtet.
- Die Kassiopeia, die hier auf ihrem Thron sitzt, ist eine stolze Frau und wie so oft bei dominanten Frauen, wirkt ihr Gatte, der *Cepheus*, neben ihr eher unscheinbar.
- Unterhalb der Kassiopeia liegt die *Andromeda*, an die das Sternbild des *Pegasus* unmittelbar anschließt.
- Links neben der Andromeda steht *Perseus*. Wenn man einmal seine Geschichte kennt, dann meint man, ihn mit erhobenem Schwert zu sehen, während er in seiner linken Hand das abgeschlagene Haupt der Medusa trägt.
- Im Südosten liegt knapp über dem Horizont der *Walfisch*. Diese heute übliche Bezeichnung ist nicht sehr treffend, denn früher hat man hier ein ausgesprochenes Meeresungeheuer, Cetus oder Ketus genannt, gesehen.
- Zwischen dem Walfisch und dem Pegasus sieht man zwei *Fische*, die durch ein Band miteinander verbunden sind. Der eine Fisch - der rechte - wird durch eine wunderschöne Ellipse aus zart leuchtenden Sternen gebildet, das lange Band, welches zum anderen Fisch führt, ist in fast rhythmischen Abständen von Sternen besetzt. Der andere Fisch, das muß leider gesagt werden, ist sehr unscheinbar und schwer zu sehen. Aber auch in Bächen

sind Fische oft schwer zu erkennen. Verbirgt sich dieser Fisch vor dem Betrachter? Die Mythologie wird uns belehren.
- Im Südsüdwesten liegt nicht sehr hoch über dem Horizont das Sternbild des *Steinbocks*. Auf alten Sternenkarten hat dieses Sternbild noch einen anderen Namen: Ziegenfisch heißt diese Figur und unter dieser Bezeichnung kommt er auch in der Mythologie vor.
- Im Süden steht über dem Horizont ein weit ausgedehntes, aber aus zart leuchtenden Sternen bestehendes Sternbild: der *Wassermann*. Breitbeinig steht er dort, auch seine Arme trägt er ausgebreitet und in seiner rechten Hand hält er eine große Urne, aus der er Wasser ausgießt. In der griechischen Mythologie wird der Wassermann als Ganymed, der Mundschenk der Götter, gesehen. Zu diesem Mythos gehört auch der *Adler*.
- Links vom Adler ist der *Delphin* zu sehen. Es ist ein sehr kleines Sternbild; obwohl es nur aus schwach leuchtenden Sternen besteht, ist es dennoch gut aufzufinden.

MYTHEN DES HERBST-HIMMELS

Bunt leuchten die Trauben im herbstlichen Laub, wenn der Gott des Weines, Dionysos, begleitet von einer Schar trunkener Silenen und Satyrn, über die Hügel des Landes einherzieht. Die Dämmerung senkt sich schon früh über die Erde und kürzt den von den schwächer werdenden Strahlen der Sonne erwärmten Tag. Die Stunden nützend, wandert Demeter, die Göttin des Ackerbaus und der Früchte, mit leichten Schritten über die Erde und beschenkt jene Menschen, die sie verehren, mit einer reichen, die Scheunen füllenden Ernte.

Kassiopeia, Cepheus, Andromeda, Perseus und Walfisch

Als überaus stolze und prächtige Frau ist Kassiopeia bekannt, die Gattin des Kepheus, des äthiopischen Königs. Im Bewußtsein ihrer strahlenden Schönheit rühmt sie sich eitel, schöner zu sein als die Töchter des Meeres, die lieblichen Nereiden. Und diese zögern nicht, sich bei ihrem Beschützer, dem Meergott Poseidon, ob dieser vermessenen Worte empört zu beklagen. Poseidon sendet darauf eine heftige Sturmflut, welche die Küsten bis weit ins fruchtbare Land hinein überspült, und aus den Tiefen des Meeres ein schreckliches Untier, Ketus, das Äthiopien furchtbar verwüstet. In seiner Not befragt der König das weise Orakel, und grausam ist die Antwort, die er erhält. Erst dann werde das Land von allen Plagen befreit, wenn Andromeda, seine schöne Tochter, dem Untier zum Opfer gebracht. Angsterfüllt zwingt das Volk seinen Herrscher, den Orakelspruch streng zu erfüllen, und schweren Herzens muß der König sich fügen. Nackt bis auf einen juwelengeschmückten Gürtel, wird Andromeda mit Ketten an der Küste an einen Felsen gefesselt. Alleingelassen beklagt sie weinend ihr schreckliches Los, da naht durch die Lüfte, von seinen geflügelten Schuhen getragen, Perseus, Danaes goldgeborener Sohn.

Perseus erblickt das Mädchen, das erschöpft schon verstummt ist, und hält sie beinahe für ein schönes, marmornes Bild. Doch da bewegt ein leichter Wind ihr gelöstes Haar und er sieht die Tränen, die heiß ihren Augen entströmen. Liebe erfüllt ihn beim Anblick ihrer zarten Gestalt und er vergißt bezaubert beinahe, die Flügel zu regen. Perseus läßt sich herab und erfährt von der entblößten Jungfrau, die voll Scham kaum die Lider zu heben wagt, ihr schreckliches Schicksal. Noch hat sie nicht alles erzählt, da durchpflügt das Untier mit seiner breiten Brust rauschend die Wogen des Meeres und nähert sich dem zerklüfteten Felsen, um das Opfer bei lebendigem Leib zu verzehren. Gellend schreit das entsetzte Mädchen und verzweifelt stürzen die Eltern herbei, beide voll Leid, die Mutter indes verdienter für ihre vermessenen Worte.

Mutig ist Perseus bereit, um das Leben des Mädchens mit Ketus zu kämpfen, doch bedingt er als Lohn sich Andromeda zur Braut. Die Eltern willigen weinend ein - was sollten sie jetzt auch anderes tun -, sie klagen, flehen und versprechen das Reich ihm als Mitgift dazu.

Die Wellen durchfurchend, bedroht Ketus, nur mehr einen Steinwurf vom Ufer entfernt, das zitternde Mädchen, da stößt Perseus von der Erde kraftvoll sich ab und schießt in die Wolken empor. Dunkel und groß zeigt sich sein Schatten auf der Oberfläche des Wassers und irregeleitet schnappt das Meerungeheuer wütend danach. Einem Adler gleich stürzt sich Perseus kopfüber durch die Lüfte auf den Rücken des Tieres herab und senkt sein Krummschwert dem Schnaubenden bis zum Griff tief in den schuppigen Leib.

Schwer verwundet schnellt das Ungeheuer bald hoch in die Lüfte, bald taucht es ein in die Flut, bald rast es von Schmerzen gepeinigt ringsum im Kreis. Mit raschen Flügelschlägen entgeht Perseus geschickt den wütenden Bissen und

Athene

Athene, sie war eine Tochter des Zeus, die - wie wundersam ist das doch - seinem Haupt entstiegen ist! Sie war eine Göttin der Künste, der Weisheit und des Krieges. Immer wieder hat man sie mit Helm und Rüstung, Speer und Schild dargestellt. "Glaukopis" hat man sie genannt, das heißt euleneäugig. Alles hat sie gesehen, sogar auch in der Dunkelheit, wie eben auch Eulen alles wahrnehmen und dadurch in den Ruf der Weisheit gekommen sind. Man vermutet, daß sie ursprünglich eine kretische Schlangengöttin war, weshalb ihr Schlangen immer auch symbolisch zugeordnet waren.

Das umseitige Motiv zeigt Athene in der Werkstatt eines Metallurgen. Es ist auf einer attischen Schale aus der Zeit 515 bis 500 v. Chr. dargestellt, die im Nationalmuseum auf der Akropolis in Athen verwahrt wird.

stößt seine Klinge erst in den muschelschalenbesäten Rücken, dann zwischen die Rippen der Flanke und in die schmale Stelle, wo die Flosse beginnt. Meerwasser und purpurfarbenes Blut speit das Untier aus seinem offenen Schlund. Perseus, dessen Flügel, schwer vom aufspritzenden Wasser, ihn kaum noch tragen, sieht eine Klippe, und klammert sich mit der Linken an die höchste Spitze des Felsens. Immer wieder stößt er die Klinge dem Untier in die verletzlichen Weichen und trennt zuletzt ihm den Kopf vom mächtigen, sich aufbäumenden Leib.

Nach dem Kampf legt Perseus das Haupt der Medusa ab. Er hatte es bei sich getragen, um das Untier, sollte den Blick nach oben es wenden, im Nu zu versteinern. Um den schlangenhaarigen Kopf nicht zu verletzen, bedeckt er zuvor den sandigen Boden mit weichen Stengeln und Blättern von Meeresgewächsen und bettet ihn mit dem Gesicht nach unten darauf. In der Berührung verwandeln sich die frischen, saftigen Pflanzen zu steingleichen Gebilden. Die Nymphen, entzückt über das Wundergeschehen, verstreuen viele Male Samen davon über das Meer und freuen sich, daß die Versteinerung wieder und wieder geschieht. Seither ist diese Natur den Korallen geblieben, daß deren Stengel, an die Luft gebracht, über dem Wasser erstarren.

Dankbare Rufe und Beifallsgeschrei erfüllen Äthiopiens Küste und den hohen Himmel der Götter, nachdem es Perseus gelungen, das Meerungeheuer zu töten und so die unglückliche, an den Felsen gekettete Andromeda vor dem sicheren Tod zu erretten. Bebend noch von den durchlebten Ängsten und ihr Glück kaum fassend, kommt die Jungfrau, von ihren Ketten befreit, über den steinigen Boden herbei. Kepheus, der König, und Kassiopeia begrüßen jetzt nur ungern den Sieger als künftigen Gatten der Tochter und bereuen ihr in Angst und Not voreilig gemachtes Versprechen. Doch Andromeda ist der strahlende Held hochwillkommen und sie beharrt auf einer sofortigen Heirat. In ihrer mädchenhaften Anmut und dem Glanz ihrer ersten Verliebtheit wäre sie Perseus auch ohne Mitgift herrlicher Lohn für seine mutige Tat.

Der Held wäscht das Blut von seinen siegreichen Händen und errichtet dankbar den Göttern zu Ehren aus Rasenstücken drei gleiche Altäre, und opfert dann für Hermes ein Kalb, eine Kuh für Athene und für Zeus, den höchsten der Götter, einen prächtigen Stier.

Überglücklich führt gleich darauf Perseus die schöne Andromeda heim. Hymen, der Gott der Hochzeit und Ehe, und Eros erfüllen mit den Hochzeitsfackeln, die sie brennend vor dem Festzuge schwingen, die Luft mit berauschenden Düften. Alles ist festlich geschmückt und bunte Blumengewinde hängen von den Dächern der Häuser herab. Lautenklang, Flötenspiel und Gesang ergötzen die Herzen der umstehenden Menschen, die das vorbeiziehende junge Paar fröhlich bejubeln.

Weit offen stehen die Tore zu den goldenen Hallen des Palastes, wo König Kepheus und Kassiopeia zur Feier der Hochzeit Äthiopiens Edle empfangen. Das Festmahl ist herrlich bereitet und die Gäste erfreuen sich an erlesenen Speisen und kühlem, harzigem Wein. Nach dem festlichen Mahle wird Perseus von Kepheus gebeten zu erzählen, wie er Medusa, der schrecklichen Gorgo, das Haupt abgeschlagen.

Noch während Perseus im Kreise der Gäste von seinem Abenteuer berichtet, dringt eine Meute tobender Krieger in den Königssaal ein. Nicht mehr fröhlicher Hochzeitsgesang erfüllt die glänzende Halle, sondern wildes Geschrei als Vorbote wütenden Kampfes. Wie eine Sturmflut jäh aufspringt, so verwandelt sich plötzlich das fröhliche Mahl in ein wildes Getümmel.

Den Tumult hat Phineus entfesselt. Er ist der Bruder von Kepheus und lange zuvor war Andromeda ihm schon als Braut angelobt. Zornig tritt er vor Perseus, schwingt drohend seinen eschenen Speer und fordert Rache für die ihm genommene Braut. Kepheus versucht, den Haß des Bruders zu dämmen, denn nicht ihm, sondern dem sicheren Tode habe Perseus die Jungfrau entrissen. Untätig sei Phineus daneben gestanden, als man Andromeda vor seinen Augen, nur mit einigen prächtigen Juwelen geschmückt, nackt an den Felsen gefesselt und dem Untier zum Fraß preisgegeben. Nun gebühre sie Perseus, dem mutigen Retter, als Braut.

Kurz zögert Phineus bei diesen Worten, doch dann schleudert er mit allen Kräften seines frisch aufwallenden Zornes die Lanze gegen den verhaßten Rivalen und verfehlt ihn zum Glück. Jetzt erst springt Perseus auf, ergreift die Waffe und schleudert sie grimmig zurück. Doch Phineus rettet sich mit einem schnellen Sprung hinter den hohen Altar und die Spitze der Lanze dringt in die Stirn eines Mannes aus seinem Gefolge. Sterbend stürzt dieser zu Boden und sein Blut bespritzt die festliche Tafel.

Nun entbrennen des Phineus' Männer in schrecklicher Wut, sie schleudern ihre Speere und verlangen den Tod von Perseus und Kepheus. Aber schon flieht feige der König über die Schwelle seines Palastes, ruft hilfeflehend die Götter des Gastrechtes an und schwört, daß all dies gegen seinen Willen geschehe. Die junge Frau und die Mutter indessen erfüllen mit lautem Weinen und Klagen den in ein Schlachtfeld verwandelten goldenen Saal.

Allein fast, nur von wenigen Kriegern umgeben, kämpft Perseus gegen die rasende Schar des Phineus. Da erscheint die Schwester von Perseus, Athene, die Göttin des Krieges, in voller, glänzender Rüstung, mit dem Bild von Medusa, der schlangentragenden Gorgo, auf ihrer Brust und dem Schild. Sie steht Perseus bei und stärkt seinen Mut.

Unter den Feinden des Perseus befinden sich auch zwei blutjunge Männer, die mehr als innige Freundschaft verbindet: Athis, der Inder, im Ganges geboren, und Lykabas, sein Freund, der geliebte Assyrer. Sechzehn Jahre zählt Athis erst und er ist von außergewöhnlicher Schönheit, deren Glanz er noch dadurch erhöht, daß er seinen Hals mit goldenen Ketten und sein nach Myrrhe duftendes Haar mit einem geschwungenen Stirnreifen schmückt. Der purpurfarbene Mantel des Kriegers ist mit goldenen Borten verziert und umhüllt seine schlanke Gestalt. Trotz seiner Jugend beherrscht er den Wurfspieß mit großem Geschick, doch besser noch weiß er den Bogen zum tödlichen Schusse zu spannen. Schon hebt er die Waffe, Perseus jedoch erkennt die Gefahr, reißt ein brennendes Holzscheit vom nahen Altar und schleudert es Athis mitten zwischen die Augen. Mit zerschlagenem Antlitz stürzt der Jüngling, von Blut überströmt, vornüber zu Boden. Lykabas, der die Liebe zu seinem Freund nie geleugnet, sieht entsetzt, wie er fällt. Tränen strömen aus seinen Augen, als Athis grausam verwundet sein noch nicht voll erblühtes Leben neben ihm aushaucht. Verzweifelt rafft er den Bogen des Freundes an sich, spannt ihn voll Kraft und schon schnellt der durchdringende Pfeil von der Sehne. Doch Perseus weicht aus und der Pfeil verfängt sich in den Falten seines Gewandes. Mächtig erhebt Perseus sein Krummschwert und stößt es dem Jüngling tief in die Brust. Tödlich getroffen wendet sich niedersinkend der treue Lykabas zu Athis und schmiegt sich an dessen noch warmen Leib. Als sich schon das Dunkel des Todes über ihn legt, tröstet ihn allein der Gedanke, daß er mit seinem geliebten Freunde vereint das tiefe Reich der Schatten betritt.

In einem schrecklichen Kampf wüten grausam die Krieger und alle wollen Perseus bezwingen, den großen, strahlenden Helden. Doch mit Hilfe der Göttin erwehrt sich Perseus der zahlreichen Feinde. Sein Schwert fährt dem einen in die verletzliche Seite, durchstößt dem andern die kräftige Kehle und schlägt dem nächsten den Kopf vom stämmigen Leib. Blut überströmt warm weithin den Boden. Alles metzelt er nieder und setzt seinen Fuß noch auf die Sterbenden, die im Haufen übereinandergestürzt vor ihm liegen.

Bis auf Phineus und zweihundert Mann aus dessen Gefolge liegen die Gegner in Strömen von Blut. Mit den Schultern an eine große, steinerne Säule gelehnt, wehrt sich Perseus gegen die auf ihn einstürmenden Feinde und hält sich so den Rücken vor Angriffen frei. Dichter als Hagelkörner fliegen die Pfeile an seinem Kopf, seinem Körper vorbei. Als Perseus erkennt, daß er trotz der Hilfe Athenes und seines eigenen tapferen Mutes der Übermacht unterliegt, zieht er das Haupt der Medusa hervor, dessen Anblick unfehlbar alles versteint. Mit gestrecktem Arme hält er es den Feinden entgegen, nicht ohne vor dem gefährlichen, todbringenden Blick Medusas zu warnen. Die Männer verspotten hohnlachend Perseus und seinen angeblichen Zauber. Doch noch während ihrer Rede versagt ihnen die Stimme mitten im Wort. Die Krieger erstarren in eben der Haltung, in der sie Medusa ins Antlitz geblickt, zu marmornem Stein; den Arm erhoben zum tödlichen Stoß, das Bein gebogen zum kräftigen Sprung, den Mund geöffnet zum schmähenden Wort. Zweihundert Mann sind im Anblick der Gorgo zu Bildnissen aus kaltem Marmor versteint.

Reue befällt nun Phineus wegen des widerrechtlich begonnenen Kampfes, schuldbekennend hebt er flehend die Hände und bittet Perseus als Sieger um nichts als sein Leben. Und Perseus verspricht großmütig dem zitternden Feinde: Kein Eisen soll je deine Glieder verwunden und ich, Perseus selbst, werde dir ein Denkmal setzen für ewig. Nachdem der Held diese Worte gesprochen, hält er Phineus das Haupt der Medusa vors bleiche Gesicht. Phineus versucht noch, den Blick abzuwenden, aber schon erstarrt sein kräftiger Nacken und die Tränen erhärten zu Stein. Für ewig im Marmor festgehalten sind nun die demütig bittende Hand, das ängstliche Antlitz und der flehende Blick.

Mit Andromeda, seiner schönen Gemahlin, kehrt Perseus siegreich nach Seriphos heim, zu jener Insel, wo einst Danae, seine Mutter, zusammen mit ihm Schutz und Heimat gefunden.

Hingebreitet über den Himmel und nur mit dem juwelenbesetzten Gürtel geschmückt, leuchtet Andromeda nahe dem Sternbild ihres Gatten, des mutigen Perseus, in sternklaren Nächten vom Firmament auf die Erde herab.

Kassiopeia jedoch, die stolze Frau, wird von Poseidon zur Strafe für ihren Hochmut mit geöffneten Knien in beschämender Haltung unterhalb des Sternbildes ihres Gatten Kepheus an den Himmel gesetzt.

Pegasus und Perseus

Scharf brennt die Sonne auf Seriphos, die kleine, felsige Insel, wo Danae mit ihrem goldgeborenen Sohn, dem von Zeus gezeugten Perseus, Gastfreundschaft und ein neues Heim bei Diktys, dem Fischer, gefunden. Dessen Bruder Polydektes herrscht hier als König und als er die schöne, an seiner Küste Gestrandete sieht, wünscht er sie sich begehrlich zur Frau. Jahrelang weist Danae seine Werbungen ab.

Schon ist Perseus zu einem kräftigen, jungen Manne geworden und beschützt die Mutter vor den Wünschen des Herrschers, da lädt Polydektes die Adeligen seines Reiches und auch Perseus zu einem Gastmahl in seinen Palast. Jeder der Gäste wird vom König gebeten, ein Pferd als Gabe zu überreichen. Perseus, in der kargen Hütte des Fischers erzogen und ohne Besitz, verspricht mutig voll Trotz dem König, das Haupt der Gorgone Medusa zu bringen, wenn dieser seine Mutter nicht länger begehre. Lachend stimmt Polydektes dem Angebot zu, denn sicher ist er, so den seine Pläne hindernden Jüngling für alle Zeit aus dem Wege zu räumen.

Jenseits des Okeanos, des Weltenstromes, dort, wo die Nacht beginnt und Sonne und Mond niemals scheinen, wohnen die drei Gorgonen. Als schönwan-

Perseus, Medusa und Athene

Perseus, der Sohn der Danae, der sich Zeus in Form eines goldenen Regens genähert hat, der "Goldgeborene", der "aus fließendem Gold Entstandene", enthauptet die Medusa mit einer diamantenen Sichel, die er von Hermes geliehen. In einen ledernen Sack steckt er das entsetzliche, bluttriefende Haupt. Die Hadeskappe, die er am Kopf trägt, verbreitet undurchdringliche Finsternis, sodaß er entkommt. Athene, mit Helm und Speer, eilte - ihr Kleid haltend - herbei, um ihm zu helfen.

Das Motiv stammt von einer griechischen Vase (460 v. Chr.), die im Britischen Museum in London aufgestellt ist.

gig und niemals alternd werden die Schwestern gerne beschrieben, mit goldenen Flügeln und unsterblich bis auf die eine, Medusa. Schrecklich soll aber ihr Anblick andrerseits sein, denn zischende Schlangen ringeln sich um das Haupt der Medusa, und wer in ihr Antlitz mit den glühenden Augen blickt, wird auf der Stelle versteint.

Von herrlichster Schönheit und wegen der Pracht ihrer Haare weithin gerühmt war einst Medusa und sie verzauberte selbst den Meergott Poseidon. Er überraschte sie eines Nachts und verführte sie frevlerisch im Tempel Athenes vor den Augen der Göttin. Zwar wandte Athene sich ab und verbarg keusch ihr Gesicht in den Händen, doch solch ein Vergehen durfte nicht ungesühnt bleiben. Athene verwandelte das Haar der schönen Medusa zur ewigen Strafe in häßliche, züngelnde Schlangen und entstellte ihr schönwangiges Antlitz.

Perseus bereut nun beinahe, was er versprochen und angstvoll fürchtet er, seine Aufgabe nicht erfüllen zu können. Wer nur kann ihm die Wege weisen in das unendlich ferne und unerkannte Land, wo in der Finsternis alle Himmelslichter versinken?

Athene, seit jener Stunde im Tempel die erbitterte Feindin Medusas, naht sich dem jungen Perseus und bietet ihm Hilfe an und Rat bei seinem gefährlichen Plan. Zu allererst warnt sie den Jüngling, niemals die Gorgo selbst anzusehen, sondern nur ihr gespiegeltes Bild in einem hell glänzenden Schild, den sie ihm als Geschenk überreicht. Auch Hermes, der Helfer und Führer in mancher Not, eilt durch die Lüfte herbei und gibt Perseus eine diamantene Sichel, die Waffe zur Enthauptung Medusas.

Aber noch fehlen dem Jüngling drei wichtige Dinge, um sein Abenteuer heil zu bestehen: In der Obhut der stygischen Nymphen befinden sich ein Sack für das Haupt der Medusa, geflügelte Sandalen für den Flug durch die Luft - denn nur fliegend gelangt man zu den Gorgonen - und die Kappe des Hades, die undurchdringliche Nacht um denjenigen verbreitet, der sie trägt, und ihn für alle anderen unsichtbar macht. Der Wohnort der Nymphen war nur den Schwestern der Gorgonen, den unsterblichen Graien, bekannt. Als schwanengestaltig und mit safrangelben Gewändern bekleidet sind sie bekannt und doch auch wieder als alte, vertrocknete Frauen und grau von Geburt an. Sie besitzen gemeinsam nur ein einziges Auge und einen Zahn, die sie sich abwechselnd teilen.

Perseus findet sie am Fuße des Atlasgebirges, schleicht sich von hinten heran und entwendet ihnen den Zahn und das Auge, als sie beides von einer zur anderen reichen. Erst als die Graien dem Jüngling verraten, wo die stygischen Nymphen wohnen, gibt er ihnen Zahn und Auge zurück. Fort eilt Perseus, ohne Zeit zu verlieren, hin zu den Nymphen und erhält von den zarten Wesen die verhüllende Kappe, die Sandalen mit Flügeln und den Sack für das Haupt der Medusa.

Gefährlich ist der Flug des Perseus zu den Gorgonen, über Länder und Meere hinweg gegen Westen bis ans Ende der Welt; manche Gestirne berührt er dabei mit seinen flatternden Flügeln. Schon naht er sich der düsteren Gegend, wo in einer verborgenen Höhle die entsetzlichen Schwestern hausen. Undurchdringliche Wälder und zerklüftete Berge nehmen dort ihren Anfang, und auf seinem Weg durch die felsige Öde erschrecken ihn steinerne Bilder von Menschen und wildem Getier, die durch den Anblick Medusas verwandelt wurden zu hartem Gestein.

In einer Höhle endlich erblickt Perseus über seinen spiegelnden Schild Medusa, die schreckliche Gorgo, mit ihren Schwestern in tiefem Schlaf versunken, selbst die Schlangen bewegen sich nicht. Athene führt seine Hand und Perseus trennt mit einem einzigen Schlag seiner diamantenen Sichel den Kopf vom Rumpf der Medusa.

Überrascht schrickt Perseus zurück, denn aus dem toten, blutenden Körper entspringen erst Pegasos, ein geflügeltes Pferd, und dann Chrysaor, ein Krieger mit goldenem Schwert. Beides Söhne Poseidons, des blauschwarz lockigen Gottes des Meeres, die er zeugte, als er sich liebend einst neben die schöne Medusa gelegt.

In großer Eile verbirgt Perseus das gefährliche Haupt in dem ledernen Sack, denn schon sind die beiden Schwestern erwacht und erheben sich, um den Held zu ergreifen. Rasenden Laufs entflieht Perseus durch die Luft, die Gorgonen vor Wut zischend hinter ihm her. Gedankenschnell fliegt Perseus dahin, die Flügelschuhe an seinen Füßen, die Sichel und den Sack über die Schulter geworfen und die Hadeskappe, die nächtliches Dunkel um ihn verbreitet, tief in die Stirne gezogen. So gelingt ihm die Flucht.

Viele Umwege sind dem Jüngling bestimmt, bis er zurück nach Seriphos kommt. Polydektes hatte inzwischen Diktys und Danae gewaltsam verfolgt, und sie waren gezwungen, in einem Tempel Zuflucht zu suchen. Vor den König tritt Perseus hin und berichtet, daß er den Auftrag erfolgreich beendet. Der Herrscher lacht ihn nur spottend aus und denkt nicht daran, sein Versprechen zu halten. Da nimmt Perseus das Haupt der Medusa aus seinem schützenden Sack, hält es dem König vor sein stolzes Gesicht und verwandelt ihn augenblicklich in ein Standbild aus Stein. Diktys, der gütige Fischer, wird nun zum König und Herrscher über die Insel bestimmt.

Das Gorgonenhaupt weiht Perseus der Göttin Athene, die ihm zur Seite gestanden und gütig geholfen, die schwere Tat zu vollbringen. Seither trägt die Göttin das Bild der Medusa auf ihrem Brustpanzer und dem glänzenden Schild.

Glücklich begibt sich der Held mit Danae, seiner Mutter, und der Gattin Andromeda nach Argos in seine Heimat zurück. Als Akrisios, der seine Tochter und den kleinen Perseus einst auf dem Meere ausgesetzt hat, von seinem Kommen hört, flieht er entsetzt nach Thessalien. Perseus denkt nicht an Rache für das ihm und seiner Mutter einst zugefügte schreckliche Leid, sondern will sich mit dem Großvater versöhnen. Und so folgt er ihm nach in die Hauptstadt Larissa. Bei einem Fest dort versucht Perseus, auch selbst einmal den Diskus zu werfen. Er nimmt ihn in seine Hand, holt aus und läßt die sonnengleiche Scheibe hoch durch die Lüfte steigen. Der Diskus vom Wind und dem Willen der Götter aus seiner Bahn getrieben, trifft Akrisios, der sich aus Angst in der Menge versteckt hat, unglücklich an seinem Fuß. Tödlich ist die Verletzung und der Spruch des Orakels erfüllt sich in grausamer Weise.

Mit einem ungeheuren Satz war Pegasos, das geflügelte Pferd, mit blutiger Mähne, dem toten Körper Medusas entsprungen. Dahin fliegt es nun hoch über den Wolken und unter den Sternen, und zieht fort über Berge, Täler und Meer. Am Helikon, dem Sitze der Musen, stampft es kräftig mit seinem mondförmigen Huf auf den Boden und eine klare Quelle, Hippokrene, entspringt; das gleiche Wunder vollbringt das Flügelroß in Peirene. Athene kommt, die neue Quelle zu schauen und preist die Musen glücklich, die hier, von uralten Bäumen umgeben, auf den mit zahllosen Blumen geschmückten Wiesen ihren glücklichen Aufenthalt haben. Von keinem Menschen jedoch läßt das Flügelroß Pegasos sich berühren.

Bellerophon, ein sterblicher Sohn von Poseidon, und so mit dem unsterblichen Pegasos nahe verwandt, träumt, daß er das Pferd eingefangen. Auf den Rat eines Sehers legt er sich für eine Nacht auf den Altar von Athene. Im Traume schenkt ihm die Göttin ein goldenes Zaumzeug und gebietet ihm, seinem Vater Poseidon, dem Herrscher des Meeres, einen weißen Stier zum Opfer zu bringen. Als er erwacht, liegt golden glänzend das Zaumzeug auf den Stufen des hohen Altars. Er vollzieht das geforderte Opfer und findet mit Hilfe der Göttin den Weg zum geflügelten Pferd, das in Peirene aus der selbst geschlagenen Quelle durstig trinkt. Geduldig läßt es sich zäumen und steht fortan dem Bruder hilfreich zur Seite, dem aufgetragen wurde, die Chimaira zu töten, ein Ungeheuer, das die Ernte zerstört und die Rinder grausam zerreißt.

Ein feuerspeiendes Ungetüm, ein Wesen aus drei Gestalten, ist die Chimaira, vorne erhebt sich das Haupt eines Löwen mit gefährlich blinkenden Zähnen im weit geöffneten Rachen, in der Mitte hat es den Körper von einer Ziege und hinten windet sich, einer Schlange gleich, der Schwanz eines Drachen.

Hoch steigt Bellerophon auf dem Rücken von Pegasos auf in die Lüfte. Das Land überfliegend, erblickt er bald tief unter sich das gefährliche Untier, das schnaubend den Kopf nach oben wendet, jedoch die Gefahr nicht erkennt. Bellerophon spannt seinen Bogen und schießt einen Pfeil, dessen Spitze mit einer Kugel aus Blei besetzt ist, der Chimaira in das geöffnete Maul. Der feurige Atem des Tieres läßt das Blei sofort schmelzen, es tropft in die Kehle hinab und verbrennt seine verletzlichen Eingeweide. Unter schrecklichen Qualen verendet Chimaira.

Die Götter sind Bellerophon wohlgesinnt und schenken ihm, nachdem er noch viele Siege mit Hilfe des geflügelten Pferdes errungen, eine schöne Frau und drei Kinder. Vom Schwiegervater Iobates, dem lykischen König, erhält er die Hälfte des Reiches und lenkt fortan zufrieden die Geschicke des Landes. Immer wieder erhebt er sich mit Pegasos, dem Mondpferd, hoch in die Lüfte und überfliegt den Bereich seiner Herrschaft.

Übermütig geworden leitet er eines Tages seinen geflügelten Bruder durch den schwerelosen Äther bis hin zum Olymp, so, als ob er ein Unsterblicher wäre. Doch ungestraft fordert kein Mensch die Götter heraus. Erzürnt sendet Zeus eine stachelbewehrte Hornisse. Sie sticht Pegasos unter dem Schwanze schmerzhaft an einer empfindlichen Stelle. Das Pferd bäumt sich auf und Bellerophon stürzt aus schwindelnder Höhe durch die Luft in die Tiefe. Zwar überlebt er den Sturz, doch lahm, blind und einsam wandert er über die Erde und meidet die Wege der Menschen, bis der Tod ihn erlöst.

Pegasos, das unsterbliche, geflügelte Pferd, fliegt ohne Bellerophon weiter und kehrt zurück zu den goldenen Krippen des Zeus in den hohen Olymp. Mit fünfzehn schimmernden Sternen leuchtet seither sein Bild weit gebreitet durch die Nacht auf die Erde herab.

Fische und Steinbock

Aus Rache für den Untergang der Giganten schlief Gaia, die breitbrüstige Mutter Erde, mit Tartaros, dem Herrscher des finsteren Reiches, und gebar Typhon, das größte Untier, das die Welt je erblickte. Vom Kopf herab bis zu den Lenden ist er ein Riese von menschlicher Gestalt, von den Hüften abwärts besteht sein Körper aus sich windenden Schlangen. Seine Arme reichen vom fernen Osten bis weit in den Westen und tragen anstelle von Händen hunderte Häupter von zischenden Schlangen. Diese Köpfe stoßen mannigfache, unsagbare Laute aus, die bald wie die Stimmen von Göttern, bald wie ein wild brüllender Löwe, bald wie junge Hunde klingen, oder pfeifend mit scharfem Ton, daß die Gebirge widerhallen davon. Oft berührt sein schreckliches Haupt sogar die leuchtenden Sterne und seine riesigen Flügel verfinstern die Sonne. Aus seinen Augen bricht Feuer, sein Rachen spuckt flammende Lava und sein wildes Haar weht im Wind.

Aus den tiefsten Tiefen der Erde kommt der furchtbare Typhon, um den Himmel zu stürmen und Zeus zu entmachten. In Panik fliehen die Götter bis nach Ägypten zum siebenarmigen Delta des Nils. Doch Typhon bleibt ihnen

Eros

Eros wird zumeist als Sohn der Aphrodite, der Göttin der Liebe und Schönheit aufgefaßt. Ein anderer Mythos sieht in Eros dagegen eine viel archaischere Gestalt:

Am Anfang von allem war die Nacht, die Göttin Nyx. Sie galt als Urgöttin, sie galt als das Urweibliche und wurde als Frau mit schwarzem Schleier oder aber auch als Vogel mit schwarzen Flügeln gesehen. Vom Wind wurde sie umworben und befruchtet. Die schwarzgeflügelte Nacht legte ihr silbernes Ei in den Riesenschoß der Dunkelheit. Aus diesem Ei trat ein Gott mit goldenen Flügeln hervor, der Sohn des wehenden Windes. Er wird Liebesgott genannt, aber auch Phanes, der Erscheinende, und er brachte alles ans Licht, was vorher im silbernen Weltenei verborgen war: Die ganze Welt! Oben war der Himmel, ein mächtiger Hohlraum; unten war alles andere. Himmel und Erde vermischten sich unter der Wirkung des Eros und zeugten das Geschwisterpaar Okeanos und Tethys und Eros wirkte in ihnen fort.

Das umseitige Eros-Motiv findet sich auf einer attischen Amphore aus der Zeit um 420 v. Chr. (Museum of Fine Arts, Boston).

dicht auf den Fersen, und so verwandeln sich die Götter, um sich zu verbergen, auf Rat des Pan in Gestalten von Tieren. Zeus wählt die Hülle eines kräftigen Widders, Apollon wird zum schwarzgefiederten Raben, Hera zur schneeigen Kuh und Artemis versteckt sich in einer geschmeidigen Katze. Pan hingegen verwandelt sich in ein Tier, halb Ziege, halb Fisch; in ein zwiegestaltiges Wesen: den Ziegenfisch.

Doch mit besonderem Eifer verfolgt der grimmige Riese eine, es ist Aphrodite, die aus dem Schaum geborene Göttin der Liebe. Hat ihre Schönheit in dem schrecklichen Untier das Feuer der Liebe entzündet? Entsetzt flieht die Göttin und gelangt, von ihrem Sohn Eros begleitet, endlich zum Euphrat. Dort ruht sie erschöpft am Uferrand aus. Schilf und Pappeln säumen den Fluß und sie hofft, unter dem nahen, dichten Weidengebüsch Obdach zu finden. Schon wähnt sie sich sicher in ihrem Versteck, als der Wind laut im Gehölz zu singen beginnt. Voll Schrecken erbleicht Aphrodite und glaubt sich von Typhon entdeckt. Zitternd drückt sie Eros an ihre Brust und springt, die Nymphen um Hilfe und Rettung für zwei Götter bittend, ohne Zögern hinein in den Fluß. Da bieten zwei mit einem langen Bande verknüpfte Fische ihren silberschuppigen Rücken als Rettung in letzter Not.

Zum Gedenken an dieses Geschehen erstrahlen die Fische für alle Zeit als zart leuchtendes Bild am nächtlichen Firmament.

Weiter rast Typhon auf der Suche nach den entflohenen Göttern. Nur Athene, die Göttin des Krieges und auch der Weisheit, hat mutig den Olymp nicht verlassen und schmäht Zeus nun ob seiner Feigheit mit spottenden Worten solange, bis er sich in seine wahre Gestalt rückverwandelt. Aus der Ferne schleudert er Blitze und einen Hagel von Donnerkeilen gegen den Drachen. Als Typhon wütend sich nähert, bekämpft er ihn mit seiner Sichel und verletzt ihn mit jenem Stahl, der schon Uranos die Mannheit geraubt. Leichtfertig läßt sich der Gott auf einen Ringkampf mit dem Verwundeten ein. Typhon schlingt seine unzähligen Arme um Zeus, raubt ihm die Sichel und schneidet dem Gott die Sehnen aus Hand und aus Fuß. Eiligst bringt Typhon den unsterblichen Gott, der kein Glied mehr zu bewegen vermag, in eine Höhle, wo er die Sehnen unter dem Fell eines Bären versteckt. Er ruft seine Schwester Delphine, ein Drachen teils Mädchen, teils Schlange, und trägt ihr auf, den Gott zu bewachen.

Verzweiflung erfaßt alle Götter, doch Hermes, der Findige, weiß wie immer Rat. Heimlich schleicht er mit Pan zu der Höhle, und dieser erschreckt Delphine mit einem Schrei, der ihrem eigenen gleicht, so sehr, daß sie auf Zeus nicht mehr achtet. Hermes bringt eilends den Gott und die Sehnen zum Himmel zurück.

Kaum sind die Sehnen wieder in die Glieder des Gottes gesetzt, besteigt er voll Kraft einen von geflügelten Rossen gezogenen Wagen. Der um seine Vorherrschaft kämpfende Zeus treibt den durch den Genuß irdischer Nahrung geschwächten Typhon mit seinen Blitzen vor sich her nach Süden bis zum Meer von Italien. Dort ergreift Zeus eine Insel, Sizilien wird sie später genannt, schleudert sie auf den gefährlichen Drachen und türmt noch den Ätna darauf. Auf den Rücken geworfen, speit Typhon durch den Krater Feuer und Asche und die Erde erbebt, wenn er versucht, das Gebirge von seinem Körper zu wälzen.

Zeus, der nun unumschränkter Herrscher ist im hohen Olymp, setzt Pan zum Dank für seine Hilfe als Ziegenfisch oder als Steinbock an das gewölbte Himmelszelt.

Wassermann und Adler

Stolz fährt Hera, die Göttin der Ehe und Beschützerin aller Frauen, in ihrem von bunten Pfauen gezogenen Wagen hinauf zum Olymp, wo sie neben ihrem Bruder und Gatten Zeus streng und tugendhaft herrscht.

Nicht aus großer Zuneigung wurde einst diese Ehe geschlossen. Als Hera allein, fern von allen anderen Göttern und in Gedanken verloren, auf einen Berg wanderte, erblickte Zeus seine schöne Schwester und ließ sich sogleich durch die Lüfte zur Erde herab. Vergeblich umwarb er sie in stürmischem Liebesverlangen mit zärtlichen Worten und heißen Schwüren. Hera widerstand all seinen so oft erfolgreich angewandten Verführungskünsten. Beunruhigt und ein wenig verärgert über sein vergebliches Bemühen, ließ Zeus dunkle Wolken hoch über dem Gipfel sich türmen und entfachte mit Blitzen und grollenden Donnern ein ungeheures Gewitter. Er selbst verwandelte sich ungesehen in die Gestalt eines Kuckucks, flatterte auf Hera zu und verbarg sich zitternd vor Kälte unter ihrem feinen Gewand. Während sie den kleinen, hilflosen Vogel mit sanfter Hand hielt und an ihrer Brust wärmte, nahm Zeus siegessicher seine wahre strahlende Gestalt wieder an. Er umschlang Hera mit seinem blitzeschleudernden Arm und versuchte, sie zur Liebe zu zwingen. Erzürnt wehrte Hera sich heftig solange, bis er versprach, sie zur Gattin zu nehmen.

Reiche Geschenke brachten die Götter zur Vermählung von Zeus, dem Herrscher des Himmels, mit Hera, seiner Schwester, die in hoheitsvoller Schönheit auf goldenem Thron neben ihm saß. Die von Zeus so ungestüm herbeigesehnte Hochzeitsnacht dauerte dreihundert Jahre. Danach badete Hera jedes Jahr in den Quellen von Kanathos in der Nähe von Argos und erneuerte so auf wunderbare Weise die ihr so teure Jungfräulichkeit.

Zu verschieden indessen sind Hera und Zeus, so daß lauter, heftiger Streit oft den Himmel der Götter erfüllt. Während Hera die Tugend hütet und die Ehre der Mütter, verführt Zeus, von Wollust getrieben, unzählige göttliche und sterbliche Frauen. Rasend vor quälender Eifersucht spinnt Hera hinter dem Rücken ihres untreuen Mannes unheilvolle Intrigen. Sie verfolgt seine Geliebten und deren Kinder mit unversöhnlichem Haß, und niemand kann ihrer grausamen Rache entgehen.

Doch nun auf ihrer Fahrt zum hohen Olymp bebt Hera vor ohnmächtigem Zorn. Tiefe Scham erfüllt sie, als sie den goldenen Saal der Götter betritt, denn grausamer als jemals zuvor hat Zeus sie gedemütigt und hintergangen.

Ganymed, der Sohn von König Tros, dem Gründer von Troja, ist der schönste aller sterblichen Knaben und nach ihm ist der höchste der Götter in Begierde entbrannt. Keine Gestalt erscheint ihm würdiger, um sich dem Jüngling zu nahen, als die seines Donner und Blitze tragenden Adlers. Zeus umhüllt sich mit den Federn des mächtigen Vogels und stürzt sich, mit seinen Schwingen die Lüfte durchschneidend, in die Ebene bei Troja hinab. Dort packt er den Knaben mit seinen kräftigen Krallen und entführt ihn hinauf in den hohen Olymp, wo er ihn zu seinem Geliebten macht und zum Mundschenk der unsterblichen Götter. Aus einer goldenen Schale reicht Ganymed Zeus hellen, himmlischen Nektar und erfreut den Gott durch seine strahlende Schönheit.

Zum Trost für den Verlust seines Sohnes bringt Hermes dem König von Troja auf Befehl des Zeus eine von Hephaistos kunstvoll aus Gold gefertigte Weinrebe und zwei unsterbliche Rosse. Große Ehre werde dem Jüngling erwiesen, so hört der Vater, denn Zeus habe Ganymed als seinen Geliebten unsterblich gemacht und mit ewiger Jugend beschenkt.

Hera fühlt sich in ihrem Mutterstolz schmerzlich verletzt, denn bis zur Ankunft des schönen Ganymed ist ihre Tochter Hebe, die Göttin der Jugend, der

Mundschenk gewesen. Doch über alle Maßen erregt es ihren Zorn als Frau, daß Zeus einem Jüngling in Liebe verfallen. Ihren Gatten mit erhobener Stimme anklagend, entfacht Hera einen Sturm der Entrüstung und des Protestes unter den Göttern, die selbst schon längere Zeit unter den Launen und der Willkür des obersten Herrschers des Himmels unwillig leiden.

Empört über die mangelnde Achtung gegenüber seiner alles entscheidenden Autorität, verherrlicht Zeus darauf den geliebten Jüngling noch mehr, indem er ihn, mit dem Adler an seiner Seite, als Sternbild des Wassermannes unter die Gestirne versetzt.

Delphin

Welches Meer, welches Land kennt nicht Arion, den ruhmreichen Sänger! Des Wassers Lauf, den reißenden Wolf hat er mit seinen Liedern gehemmt, Hund und Hase liegen nebeneinander im selben Schatten und friedlich lauschen Löwe und Hirsch mit Staunen seinem Gesang.

Arion von Lesbos, der Sohn des Meeresgottes Poseidon und der Nymphe Oneaia, ist ein begnadeter Sänger und ein bedeutender Meister auf seiner viel bewunderten Leier. Eines Tages wird er geladen, sich im fernen Sizilien mit anderen Sängern in einem musikalischen Wettstreit zu messen. Nur ungern erlaubt ihm sein Herr und Freund Periander, der Tyrann von Korinth, die Reise über die Weite des Meers.

So kunstvoll ist Arions Gesang und sein Spiel auf der Leier, daß er den begehrten Lorbeer des Siegers erhält. Die Bewunderer seiner Kunst überhäufen ihn mit Lobeshymnen und wertvollen Gaben und hoffen so, ihn noch länger in Sizilien zu halten; doch leider vergebens.

Reich beschenkt kehrt er endlich auf schwankendem Schiff in die griechische Heimat zurück. Doch nicht Wogen und Wind sind auf der Reise die große Gefahr, sondern die gierige Mannschaft des Schiffes, die dem Sänger die Schätze neidet und ihn mit gezückten Schwertern bedroht. Schreckensbleich bittet Arion, vor seinem Tod noch ein Lied zur Leier singen zu dürfen. Man gewährt es und lacht dabei über den seltsamen Wunsch. Da setzt der Sänger den Lorbeerkranz auf sein wehendes Haar, legt den mit tyrischem Purpur doppelt gefärbten Mantel um seine Schultern, steigt zum Bug des Schiffes empor und greift mit der Hand in die Saiten. Und er singt, singt wie ein Schwan klagend sein Sterbelied. Selbst die rauhen, spöttischen Männer der See lauschen ergriffen seinem Gesang. Plötzlich stürzt sich der Sänger hinab in die Wogen, die bläulich den Schiffsrumpf umspielen. Angelockt von den klagenden Tönen, waren Delphine schimmernd aus den Tiefen der See aufgetaucht. Einer von ihnen nimmt Arion auf seinen glänzenden Rücken und trägt ihn sicher dahin. Die Leier schlagend, preist der Sänger die Fahrt und besänftigt zugleich mit den Liedern das Meer.

Der Delphin gleitet so schnell durch die hoch aufschäumenden Wellen, daß sie Korinth noch lange vor den Schiffern erreichen. Hocherfreut über den Ruhm, den Arion auf Sizilien erlangt, und seine glückliche Rettung, empfängt ihn der Tyrann Periander. Der Delphin jedoch kann sich vom Sänger nicht trennen und begleitet ihn bis zum Palast, wo man ihn festlich bewirtet. Ungewohnt des üppigen Lebens stirbt bald darauf der edle Delphin und Arion bereitet seinem Retter dankbar ein würdiges und schönes Begräbnis.

Als endlich das Schiff aus Sizilien den korinthischen Hafen erreicht, ruft der Tyrann die Mannschaft zu sich und fragt mit geheuchelter Angst besorgt nach Arion. Nie mehr gedenke der Sänger wiederzukehren, lügen frech die gierigen Männer, denn übergroß sei in Sizilien die Gastfreundschaft für Arion gewesen. Auf Befehl des Tyrannen schwören sie, daß sie die volle Wahrheit gesprochen.

Delphin

Da erscheint der gerettete Sänger im purpurnen Mantel, die Leier im Arm. Nun können die Männer ihre Schuld nicht länger mehr leugnen. Sie werden zum Tode verurteilt und sogleich hingerichtet.

Voll Freude haben die Götter die rettende Tat des edlen Delphins wahrgenommen, und Zeus setzt zum Dank, daß das Tier der Musik und dem Sänger Ehrfurcht und Liebe erwiesen, ihn als neunsterniges Bild an das ferne Himmelsgewölbe.

WINTER

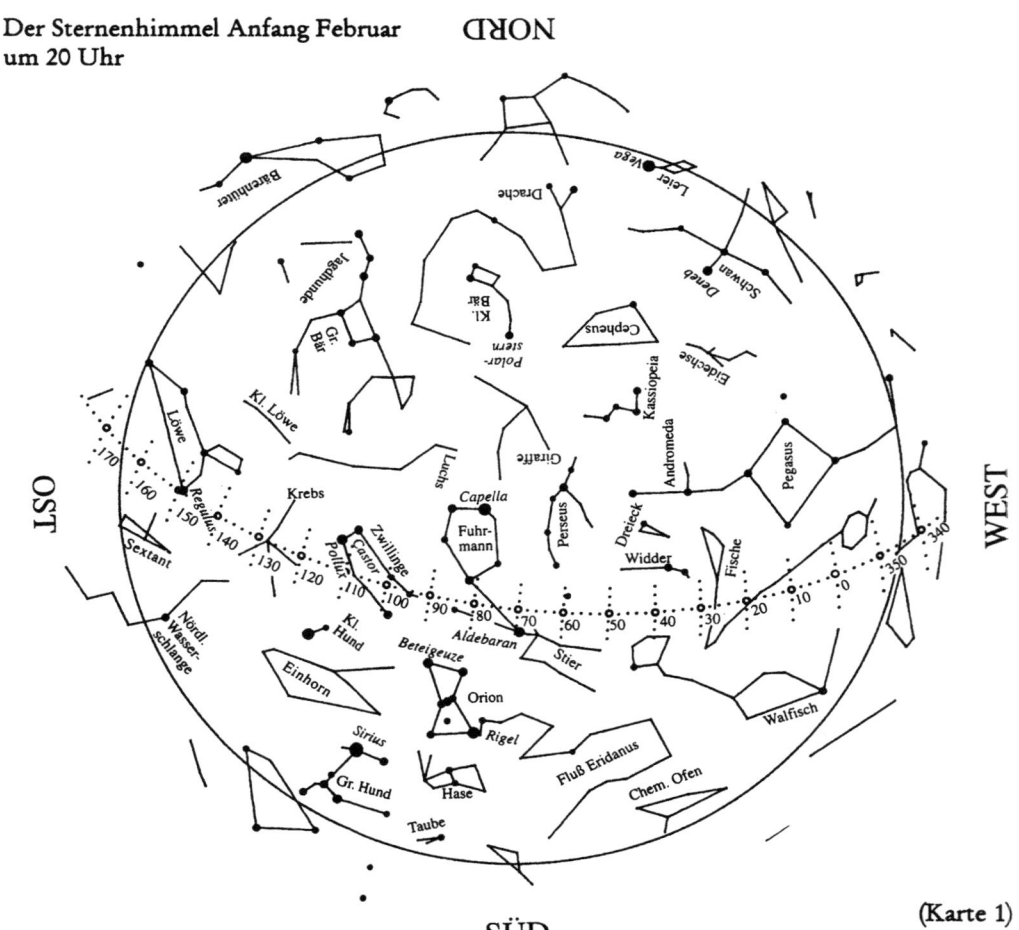

(Karte 1)

Wie man die Sternbilder am Himmel auffindet und wie man die Himmelskarten richtig liest, wird am Ende des Buches ausführlich besprochen. Fürs erste genügt es zu wissen, daß der Mittelpunkt der kreisförmigen Karte jenen Teil des Himmels zeigt, der genau über dem Betrachter liegt.

Wendet man sich unter dem freien Himmel nach Süden, dann sieht man jene Sternbilder vor sich, die die untere Hälfte der Himmelskarte zeigt:
○ Über dem Beobachter stehen zwei mächtige, helle Sternbilder nebeneinander: Westlich der *Perseus* mit seinem erhobenen Schwert und östlich der *Fuhrmann*, ein Fünfeck aus stark leuchtenden Sternen.
○ Links, also östlich vom Fuhrmann sieht man die *Zwillinge* mit den hellen Hauptsternen Castor und Pollux.
○ Zwischen dem im Osten aufsteigenden Löwen und den Zwillingen liegt der schwer erkennbare *Krebs*.
○ Im Süden sieht man in halber Höhe den *Stier*. Mächtige Hörner - das eine berührt den Fuhrmann - sind zu sehen, einen v-förmigen Schädel erkennt man mit freiem Auge sehr gut am Himmel, die Vorderbeine dagegen sind nicht so leicht auszunehmen.
○ Rechts, also westlich vom Stier steht der Linienzug, der den *Widder* repräsentiert. Man meint den geraden Rücken und den nach unten gebeugten Kopf des Widders zu erkennen.
○ Unterhalb vom Stier sieht man den mächtigen *Orion*. Aufrecht steht er da in seinem Waffenrock; die Taille streng gegürtet, ein Schwert hängt an seinem Gürtel; schwer muß es sein, denn sein Gürtel sitzt schon ganz schief. Vor dem Jäger, vor Orion, kauert ein *Hase* mit aufgestellten Ohren.
○ Dem Orion zu Füßen sitzt am Horizont der *Große Hund*. Der strahlendweiße Hauptstern trägt den Namen Sirius, der vermutlich phönikischen Ursprungs ist und soviel wie "der Bedeutende" heißt.

- Im Südosten, unterhalb der Zwillinge erkennt man den *Kleinen Hund*. War das nicht der Hund der Erigone, der Winzers-Tochter? Dann gehört aber auch der Große Wagen dazu, der im Nord-Osten über dem Horizont steht und einen Winzer-Wagen darstellt. Wartet man bis Mitternacht, dann kommt im Osten sogar Erigone, die *Jungfrau* und Ikarios, ihr Vater in der Gestalt des *Bootes*, des *Bärenhüters*, über den Horizont.
- Wendet man sich nach Norden - die Himmelskarte muß man zu diesem Zweck umdrehen, sodaß NORD am unteren (!) Kartenrand lesbar erscheint -, dann sieht man zur rechten Hand den Großen Wagen, das ist, wie wir wissen, ein Teil des Großen Bären. Die Deichsel hängt nach unten und das Viereck, welches den Wagenkorpus repräsentiert, steht in mittlerer Höhe vor uns. Verlängert man die hintere Berandung des Wagenkorpus etwa um das 4-fache nach links, dann findet man zu einem hellen Stern, dem *Polarstern*. Der Polarstern ist der Hauptstern des Kleinen Wagen, den man auch *Kleinen Bären* nennt. Die frühen Griechen haben dieses Sternbild nicht gekannt.

MYTHEN DES WINTER-HIMMELS

Aus dem eisigen Norden kommt kältestarrend der Winter und überzieht das Land mit einer Decke aus weißen, flimmernden Schneekristallen. Alles Getier sucht nun Höhle und Nest, um Schutz vor den stürmischen Winden zu finden. Selbst die Götter im hohen Olymp scheinen das Land nun zu meiden, nur Orion, der große Jäger, schreitet auf der Suche nach ergiebiger Beute siegesbewußt über die hohen, verschneiten Gebirge am unteren Himmel entlang.

Perseus

In einer fruchtbaren Ebene des nordöstlichen Peloponnes, von hohen, zerklüfteten Bergen umgeben, liegt Argos, wo als König Akrisios herrschte. Schon im Mutterleib hatte er mit seinem Zwillingsbruder Proitos im Streite gelegen. Und als dann ihr Vater gestorben, entstand unter den inzwischen erwachsenen Männern ein heftiger Kampf um das Erbe, das ihnen der Vater hinterlassen zur gemeinsamen Herrschaft. Unentschieden blieb die letzte blutige Schlacht und so kommen die Brüder, widerstrebend und zögernd beide, darin überein, das Königreich unter sich aufzuteilen. Akrisios wird Herrscher von Argos und Proitos baut, nicht weit entfernt, neu eine Stadt, die er Tiryns nennt, und um die sieben Kyklopen aus riesigen Steinen und Felsen eine hohe feindeabweisende Mauer errichten.

    Um den Bestand seines Hauses zu sichern und nicht zuletzt, um Erfüllung in einer Liebesverbindung zu finden, vermählt sich Akrisios mit Aganippe. Doch die neidischen Götter gönnen ihm nicht das erhoffte Leben in Frieden und Glück. Ohne Söhne bleibt über die Jahre die Ehe. Eine einzige Tochter, Danae, wird ihnen geboren. In seiner Not befragt der König das Orakel von Delphi, wie sein sehnlichster Wunsch nach einem männlichen Erben erfüllt werden könnte. Niemals sei ihm vergönnt, selbst Söhne sein eigen zu nennen, ist der Spruch des Orakels. Seine Tochter hingegen wird einst einen Knaben gebären, doch dieser Enkel werde ihn, den Großvater, töten.

In panischer Angst um sein eigenes, kostbares Leben läßt der König im inneren Bereich seiner Burg ein rundum geschlossenes, unterirdisches Gemach aus starken ehernen Platten errichten. Dort hinein sperrt er seine Tochter, die er zuvor so geliebt, mit ihrer Amme, welche Danae beschützt und mit allem versorgt. Scharf läßt der verängstigte Vater den engen, einzigen Eingang von wilden Hunden bewachen, damit kein Mann seiner Tochter sich nahe.

Verborgen vor allen Blicken lebt Danae in ihrem Gefängnis, selten nur dringt der Gesang eines Vogels zur ihr oder der schwache Klang einer menschlichen Stimme. In Dunkel gehüllt gleiten die Tage ineinanderfließend an der Verbannten vorbei.

Niemals jedoch entgeht dem Auge des Zeus die Schönheit und Anmut einer jungen, irdischen Frau. Kaum hat er vom hohen Himmel herab das Mädchen erblickt, ist er bereits in leidenschaftlicher Liebe entbrannt. Alles ist einem Gotte möglich, wenn er liebt und begehrt, und so verwandelt er sich in einen goldenen Regen und strömt durch die Ritzen und Fugen der ehernen Platten zu Danae ein. Zum Liebeslager wird das dunkle Gemach.

Nachdem der Mond zum zehnten Mal seinen Kreis geschlossen, schenkt Danae einem Knaben das Leben; Perseus, der Goldgeborene oder der aus fließendem Golde Entstandene wird er später genannt.

Behütet von seiner Mutter und der in Treue ergebenen Amme, wächst der Knabe in der verborgenen Tiefe heran. Noch nie hat sein Auge die Sonne gesehen, das Grün der Wiesen, den Wechsel von Tag und von Nacht. Glücklich lebt er, nichts missend, in der zärtlichen Nähe der Mutter und jauchzt voll Freude bei seinen fröhlichen Spielen. Eines Tages vernimmt Akrisios die kindliche Stimme. Entsetzt stürzt er herbei und entdeckt das Geheimnis. Mit dem sofortigen Tode bestraft er die Amme. Danae schlingt die Arme um ihren verwundert blickenden Sohn, springt fliehend auf und eilt in den Hof des Palastes zum Altar des Zeus, ihres Geliebten. Sicher ist die Verzweifelte hier vor dem Zorn ihres Vaters. Akrisios verlangt von der bebenden Tochter, den Namen des Verführers zu wissen, und als sie Zeus, den höchsten der Götter, zögernd als Vater des Knaben nennt, glaubt ihr der König kein Wort. Mißtrauisch unterstellt er sogar Proitos, dem Bruder, die Tochter heimlich geschwängert zu haben.

Noch während Danae schutzsuchend zu Füßen des hohen Altares kauert, befiehlt Akrisios, eine große Truhe zu bringen. Nicht wagt es der König, die Tochter selber zu töten, und so sperrt er Danae und den Enkel in den hölzernen Kasten. Weit draußen auf offenem Meer setzt er sie aus und überläßt so ihr Schicksal dem Wind und den Wellen. Heftige Stürme treiben die Truhe auf den bewegten Wogen dahin. Dem Tode geweiht, beklagt weinend die junge Mutter ihr schreckliches Los, während in ihrem Schoß das göttliche Kind, unbekümmert um das Toben ringsum, in tiefem Schlaf ruht. Zu Zeus erhebt sie flehend die Stimme und erbittet Rettung für sich und das gemeinsame Kind. Durch seine Götterhand werden die Wellen geglättet und die Truhe treibt mit den ruhiger werdenden Fluten auf die Insel Seriphos zu.

Verwundert über den seltsamen Fisch, der im Meer auf sie zuschwimmt, werfen die Fischer ein großes Netz in das Gewässer und bergen staunend statt eines Meerestieres einen hölzernen Kasten. Diktys, ein Fischer und Bruder von Polydektes, dem Herrscher der Insel, öffnet die Truhe, und es entsteigt ihr eine schöne, unglückliche Frau mit einem lächelnden Knaben auf ihrem Arm. Der gütige

Diktys nimmt die Erschöpften gastfreundlich auf gleich teuren Verwandten, ehrt sie und bietet sein bescheidenes Haus als neues Heim ihnen an.

Athene, die dem herangewachsenen Perseus bei seinen Taten stets hilfreich zur Seite steht, läßt das Bild des mutigen Helden dereinst durch die Weite des Sternenraums strahlen.

Fuhrmann

Weithin berühmt sind die Gestüte von Oinomaos, dem König von Pisa, der in der üppigen Landschaft von Elis die edelsten Rosse nach strengen Regeln heranzieht. So groß ist die Liebe zu seinen Pferden, daß er der einzigen Tochter den Namen Hippodameia, die Rossebezwingerin, gab; vielleicht in der Hoffnung, sie werde seine Neigung für diese herrlichen Tiere einst teilen.

Schon ist die Tochter zu einer schönen Jungfrau geworden, da warnt ein Orakel den König, er werde den Tod durch die Hand seines Schwiegersohnes erleiden. Entsetzt erdenkt er sich eine schreckliche List, um jede Heirat der Tochter zu hintertreiben. Dunkle Gerüchte sprechen auch davon, daß er selbst in sündiger Liebe zu Hippodameia entbrannt sei. Welche Gefühle den König auch lenken, Angst oder Liebe, er faßt einen folgenschweren Entschluß. Jeder Bewerber um die Hand seiner Tochter hat sich mit ihm in einem gefährlichen Wagenrennen zu messen. Dabei steht Hippodameia auf ihres Vaters Geheiß stets neben dem Freier, so als ob sie von diesem geraubt worden sei. Als Strecke wählt der grausame König den langen Weg von seinem Palaste in Pisa durch das ganze Land bis hin zu Poseidons Altar am fernen korinthischen Isthmus. Eine halbe Stunde Vorsprung wird jedem gewährt. Während der junge Mann schon seine Rosse dahinpeitscht, opfert der König in aller Ruhe einen kräftigen Widder und folgt dann dem vermeintlichen Räuber seiner lieblichen Tochter. Myrtilos, ein Sohn des Hermes, lenkt stets den Wagen des Königs mit großem Geschick. Nun besitzt Oinomaos aber von seinem Vater Ares, dem rauhen Kriegsgott, die schnellsten Pferde, zwei vom Winde gezeugte Stuten, die schneller noch sind als der stürmische Nordwind. Mit ihnen und einem eigens für den Wettkampf entworfenen Wagen erreicht der König stets windschnell den Freier und stößt ihm, herangeeilt, den Speer in den Rücken. Auf seinem eigenen königlichen Wagen führt er die Tochter im Triumph dann zurück.

Dreizehn junge Männer sind schon im Wettkampf gestorben, und ihre Köpfe werden, auf Stangen gesteckt, zur Warnung über den Toren des großen Palastes dem Volke gezeigt. Da hört man, es nahe ein neuer Bewerber um die Hand der schönen Prinzessin; Pelops wird er genannt.

Sagenhaft reich ist Pelops, der Prinz mit dem dunklen Gesicht, ein Sohn von Tantalos, dem lydischen König. Kaum ist er vom Knaben zum Jüngling gereift, da wünscht er sich Hippodameia zur Frau. In tiefer Nacht geht er hinaus an das Meer, ruft nach seinem göttlichen Geliebten, Poseidon, und erbittet sich für den Kampf um das Mädchen den schnellsten Wagen der Welt. Gerne erfüllt der Gott diesen Wunsch seinem Liebling und schenkt ihm einen Wagen mit goldenen Schwingen, gezogen von unsterblichen, nie ermüdenden Rossen. Selbst über das weite, unermeßliche Meer fliegt das Gespann, ohne daß je die Wellen die Achsen der Räder befeuchten.

Als Pelops nach Pisa gelangt, erfaßt ihn beim Anblick der gepfählten Häupter doch großer Schrecken und beinahe bereut er seinen Entschluß. Allein da steht Hippodameia am Tor und sieht den Jüngling freundlich mit lächelnden Augen an. Sofort ist sein Herz in Liebe entflammt. Aber auch Hippodameia verliebt sich sogleich in den jungen Mann, in den Zauber seiner Erscheinung und den versengenden Glanz seiner Augen. Die plötzlich erwachte Liebe stärkt in Pelops den Mut, trotzdem wendet er sich, vorsichtshalber möchte man sagen, an Myrtilos, den Wagenlenker des Königs, und verspricht ihm, sollte er mit dessen Hilfe den Wettkampf gewinnen, die Hälfte des Landes und die erste Nacht mit der künftigen Braut. Aus Angst, Pelops könnte den Wettkampf verlieren, will auch Hippodameia den Myrtilos reichlich belohnen, wenn er die Fahrt ihres Vaters folgenreich stört. Nicht unbemerkt ist ihr nämlich geblieben, daß der Wagenlenker sie insgeheim liebt, und so benutzt sie dessen verborgene Neigung um ihrer neuen Liebe zu Pelops willen.

Myrtilos, berauscht durch diese Versprechen, entfernt die eisernen Nägel aus der Achse des Wagens des Königs und ersetzt diese heimlich durch Nägel aus Wachs.

Das Rennen beginnt und Pelops, Hippodameia an seiner Seite, fliegt mit seinen göttlichen Rossen dahin. Nachdem der König, dem Ritus entsprechend, den Widder geopfert, nimmt er, des Sieges gewiß, die Verfolgung der Fliehenden auf. Quer über das ganze Land geht die rasende Jagd. Als die Wagen knapp hintereinander sich dem Isthmus schon nähern und Oinomaos den Speer des Ares erhebt, um Pelops zu töten, lösen sich die Räder vom Wagen. Rechtzeitig noch springt Myrtilos ab. Der König jedoch verwickelt sich in den Zügeln und wird von den Rossen des eigenen Vaters zu Tode geschleift. Bevor er stirbt, verflucht er den untreuen Lenker und betet, Myrtilos selbst möge durch die Hand des siegreichen Pelops einst sterben.

Pelops, Hippodameia und Myrtilos machen sich nun mit dem göttlichen Gespann des Poseidon auf den Weg über das Meer. Großen Durst leidet Hippodameia und so hält Pelops gegen Abend bei der Insel Helena an, um für seine Braut frisches Wasser zu holen. Dem zurückkehrenden Pelops läuft Hippodameia weinend entgegen und klagt, daß Myrtilos versucht habe, sie zur Liebe zu zwingen. Zornig schlägt Pelops ihm ins Gesicht, doch dieser fordert empört die versprochene erste Nacht mit der Braut. Pelops nimmt hierauf wortlos die Zügel selbst in die Hand und setzt die begonnene Fahrt eilends fort. Eben nähern sie sich der südlichsten Spitze Euboias, da gibt Pelops Myrtilos einen heftigen Stoß, so daß er kopfüber ins wogende Meer stürzt. Im Versinken verflucht Myrtilos den eidbrüchigen Jüngling und darüber hinaus dessen ganzes Haus. Grausamste Verbrechen, Verrat und Mord beherrschen schicksalshaft das Leben der nachfolgenden Generationen. Fluch wird auf Fluch geladen, und dem Untergang sind seither alle aus dem Geschlechte des Pelops geweiht.

Hermes selbst setzt das Bild seines Sohnes, des glücklosen Myrtilos, unter die Sterne. Als Sternbild des Fuhrmanns leuchtet es nun in klaren Nächten herab auf die Erde.

Zwillinge

Wundersam erscheinen Zwillingspaare wegen der großen Ähnlichkeit ihrer Erscheinung und wegen der innigen Übereinstimmung in ihrem Wesen den Menschen aller Zeiten, als besondere Geschenke der Götter, die Phantasie bewegend und außergewöhnlich.

Unzertrennlich und in Liebe verbunden sind von Geburt an die Zwillingssöhne der Leda: Kastor, der sterbliche Sohn des Spartanerkönigs Tyndareos, und Polydeukes, der zur Unsterblichkeit bestimmte Sohn des göttlichen Zeus. Mutig und stark bestehen sie gemeinsam siegreich viele gefährliche Kämpfe und begeben sich auch erfolgreich auf manchen verwegenen Raubzug.

Eines Tages durchstreifen sie auf ihren schneeweißen Pferden die Wälder und überraschen Phoibe und Hilaeira, die schönen Zwillingstöchter des Königs Leukippos, als sie mit ihren Gefährtinnen auf einer Waldlichtung den Reigen tanzen und dann auch wieder Blumen pflücken, um sie zu Sträußen zu winden. Phoibe, die Helle, gleicht der Sichel des aufgehenden Mondes, Hilaeira dagegen, die Heitere, dem klaren Vollmond. Sogleich sind die Brüder bei ihrem Anblick in Liebe entbrannt und sie bestechen deren Vater Leukippos mit reichen Geschenken, um die Begehrten rauben zu können. Unter den wohlwollenden Blicken von Aphrodite, der Göttin der Liebe, und Zeus entführen Kastor und Polydeukes die Mädchen auf ihren windschnellen Rossen nach Sparta zur glanzvollen Hochzeit. Bald schenkt Hilaeira Kastor einen männlichen Erben und Phoibe dem Polydeukes den ersehnten Sohn.

Doch die jungen Frauen waren zuvor schon anderen Zwillingsbrüdern verlobt, Idas und Lynkeus, und der freche Raub führt zu einer langen Fehde zwischen den vier jungen Männern, die sich noch durch den Streit um eine gemeinsam geraubte Herde von stattlichen Rindern verschärft.

Poseidon, der Gott des Meeres, sei der wirkliche Vater von Idas und Lynkeus, so wird leise geraunt. Luchsäugig wird Lynkeus genannt, denn sein Blick dringt bis in die fernsten Tiefen der Erde. Idas, dessen Geschosse ihr Ziel unfehlbar treffen, ist der stärkste Mann auf der Erde, der es sogar gewagt, mit Gott Apollon um ein Mädchen zu kämpfen. Nicht ungefährlich sind solche Gegner für das Brüderpaar aus dem kampfeserprobten Sparta.

Nach einem gemeinsamen Festmahl treiben Kastor, der Rossebändiger, und Polydeukes, der Faustkämpfer, die umstrittene Rinderherde heimlich fort gegen Sparta. Sie selbst verstecken sich unterwegs in dem hohlen Stamm einer Eiche, um die Verfolger Idas und Lynkeus zu täuschen. Mit seinem alles durchdringenden Blick erspäht jedoch Lynkeus von einem hohen Berg durch den Stamm hindurch die Räuber. Herab von der Höhe eilt Idas, schleicht leise heran und schleudert seinen Speer gegen den Baum. Dieser durchstößt das Holz und durchbohrt dem Kastor die Brust.

Polydeukes stürmt in wütendem Schmerz hervor aus dem hohlen Versteck und verfolgt die feindlichen Brüder, um seinen geliebten Bruder zu rächen. Idas und Lynkeus fliehen bis nach Messenien zum Grab ihres Vaters. Sie reißen den behauenen, geweihten Grabstein aus seiner Verankerung und schleudern ihn auf ihren Verfolger, den Polydeukes. Doch Polydeukes hält stand. Aufspringend durchsticht er mit seiner Lanze Lynkeus dort, wo der Hals fest mit der Schulter verbunden. Nun greift Zeus ein und erschlägt mit einem Blitz den rasenden Idas. Übereinander gestürzt verbrennen die Brüder Lynkeus und Idas gemeinsam im göttlichen Feuer.

Zurück eilt Polydeukes zu Kastor, der tödlich getroffen neben ihm seinen letzten Atem verhaucht. In tiefer Trauer und unter Tränen erbittet Polydeukes von Zeus, seinem göttlichen Vater, gleichfalls den Tod, denn nicht ohne Kastor, seinen geliebten Bruder und Freund, wolle er leben. Und Zeus gibt seinem Sohne die Wahl, mit den Göttern gemeinsam, dem Tode entronnen und dem feindseligen Alter, den Olymp zu bewohnen, oder mit dem Bruder das gleiche Los auf ewig zu teilen. Dann werde er mit Kastor zusammen zur Hälfte unter der Erde im Dunkel leben, zur Hälfte mit ihm in den goldenen Hallen des Himmels. Ohne zu zögern wählt Polydeukes das zweite. Auf schlägt der Bruder die Augen wieder und auch die Stimme löst sich aus den Fängen des Todes. Abwechselnd wohnen beide seither einen Tag bei Zeus im Olymp, den anderen in den dunklen Klüften der Erde, dankbar, dasselbe Schicksal teilen zu dürfen.

Tief berührt durch diese große, unbedingte brüderliche Liebe versetzt Zeus Kastor und Polydeukes als Sternbild der Zwillinge an das sternlichte Himmelsrund.

Krebs

Vom Pontios, dem westlich von Lerna gelegenen Berge, erstreckt sich ein bis zum Meeresufer reichender, heiliger Platanenhain, in dessen Schatten die kunstvollen Statuen der göttlichen Demeter und des Dionysos stehen. Jedes Jahr werden zu Ehren der beiden Götter geheime, heilige Riten hier feierlich abgehalten. Auch Aphrodite, der dem Meere entstiegenen Göttin, ist an der Küste ein marmornes Standbild geweiht.

Unzählige Quellen entspringen am Fuße des Kalkgebirges und bilden, die mächtigen Wurzeln der Platanen umspülend, riesige, abgründige Höhlen. Die Unterwelt hat einen Eingang hier in den Gewässern bei Lerna.

Eine gefährliche Schlange, die ihre Höhle zwischen den kräftigen Wurzeln einer Platane an der siebenfachen Quelle des Flusses Amymone hat, bewacht die Grenze zum Totenreich. In den nahegelegenen, unergründlichen Sümpfen ist diese von Typhon mit der Echidna gezeugte Schlange, die Hydra, geboren, und die göttliche Hera selbst hat das Untier als Bedrohung für Herakles, dessen grimmige Feindin sie ist, großgezogen. Auf einem ungeheuren, hundeähnlichen Körper sitzen fünf oder hundert Schlangenköpfe, von denen der in der Mitte teilweise aus purem Golde besteht und unsterblich ist. Durch den bloßen Aushauch des giftigen Atems der Hydra ist der Mensch, der ihr naht, dem Tode geweiht. Geht ein Lebewesen jedoch über die schlafende Hydra hinweg, haucht sie seine Fußsohlen an und das Opfer stirbt unter schrecklichen Qualen.

Diese gefährliche Schlange zu töten, ist die zweite Aufgabe, die Eurystheus, der König von Mykene, seinem Gefolgsmann, dem Helden Herakles, aufgetragen.

Kaum ist Herakles mit dem Neffen Iolaos in seinem Wagen nach Lerna gekommen, steht schon die Göttin Athene dem Helden, wie immer, zur Seite.

Herakles

Herakles, der Sohn des Zeus und der sterblichen Alkmene, hatte im Dienste des Eurystheus zwölf unerfüllbar scheinende Aufgaben zu erfüllen.

Immer wieder wird Herakles mit seiner Keule aus Olivenholz dargestellt und das Fell des Nemeischen Löwen bekleidet ihn. Das Haupt des Löwen dient ihm als Kappe, über seine Schultern fällt das Fell herab und die Hintertatzen berühren seine Beine.

Dieses Motiv ist auf einer attischen Schale aus der Zeit um 520 v. Chr. abgebildet. Das Original steht im Vatikanischen Museum.

Herakles zwingt die Hydra aus ihrer Höhle unter der Riesenplatane hervor, indem er sie auf Athenes Rat mit einer Unzahl von feurigen Pfeilen beschießt. Den Atem anhaltend, ergreift er das Tier und will es bezwingen, doch die Hydra schlingt sich kraftvoll um seine Füße und hält so ihn gefangen. Einen Kopf nach dem anderen schlägt Herakles mit dem Sichelschwert ab, doch für jeden abgeschnittenen Kopf wachsen zwei neue, dräuende nach. Da sendet Hera, um den geschwächten Helden, ganz zu vernichten, eine riesige Krabbe, die aus den Sümpfen hervorschießt und Herakles von hinten schmerzhaft in seine Ferse beißt. Wütend zerschmettert dieser den harten Panzer der Krabbe mit einem Tritt und ruft in seiner Bedrängnis Iolaos zu Hilfe. Herakles heißt den Neffen im Walde am Sumpfrand ein Feuer entzünden und von dort Brandfackeln eiligst herbeizuschaffen. Armdicke, brennende Äste schleppt Iolaos herbei und versengt mit ihnen die Wunden der abgeschlagenen Häupter, um so dem Fließen des Blutes Einhalt zu gebieten und das Hervortreiben von neuen Schlangenköpfen zu hindern. Mit einem machtvollen Schlag trennt Herakles der Hydra den letzten, den unsterblichen Kopf vom hundeförmigen Leib und begräbt das noch immer zischende Haupt unter einem Stein am Rande der Straße von Lerna nach Elaios. Darauf öffnet Herakles den Körper des getöteten Tieres und taucht seine Pfeile in dessen Galle und in das giftige Blut, das dem Ungeheuer verderbenbringend entströmt. Alles, was Herakles mit diesen Pfeilen nun trifft, ist einem quälenden, langsamen Tode verfallen.

Zu Eurystheus zurückgekehrt, erkennt dieser die Tötung der Lernäischen Hydra nicht an, da Iolaos dem Herakles bei der Erfüllung dieser Aufgabe geholfen.

Hera gibt der riesigen Krabbe, die vergeblich versucht hat, den Helden zu töten, als Sternbild des Krebses einen ehrenden Platz am hohen, nächtlichen Himmel.

Stier

Vom hohen Himmel herab erblickt Zeus Europa, die zarte, liebliche Tochter von Agenor, dem phönizischen König. Voll Entzücken sieht er zu, wie sie mit ihren Gefährtinnen am Gestade des Meeres anmutig wandelt. Durchscheinende Muscheln sammeln die Mädchen und zartfarbige Blumen.

Heiße Begierde erfaßt sogleich den Herrscher des Himmels nach der schönen Europa. Leise ruft er den flügelschlagend die Lüfte durcheilenden Hermes zu sich und bittet ihn, ohne jedoch den wahren Grund zu verraten, die Herde des Königs von den saftigen Weiden am Berge hinab zum Meeresstrande zu treiben. Schnell, wie gewohnt, erfüllt Hermes den Auftrag des Vaters, und schon ziehen die jungen Stiere zur Küste von Tyros.

Um die junge Europa nicht durch seine göttliche, würdevolle Erscheinung zu sehr zu erschrecken, legt Zeus, der mächtige Gott, der mit einem Neigen des Kopfes den Erdkreis erschüttert, sein schweres Szepter zur Seite und verwandelt sich in einen kräftigen Stier. Brüllend mischt er sich unter die Herde der zum Ufer ziehenden Rinder. In blendender Schönheit, weiß wie frisch gefallener Schnee, schreitet er auf kurzem Rasen dahin. Straff und kräftig wölben sich die Muskeln seines Körpers bei jedem Schritt, während seine Wamme in schöner Falte vorne herabhängt. Seine breite, gelockte Stirn erscheint nicht bedrohlich, nicht furchterregend sein Auge, und seine kleinen Hörner schimmern im Licht reiner als edles Gestein. Ein besonderer Zauber geht aus von dem strahlenden Tier.

Still, wie gebannt, steht Europa, des Agenors Tochter, und staunt über die Schönheit des Stieres, der sanft und langsam sich nähert. Zunächst scheut sie sich, ihn zu berühren, doch bald hält sie ihm Blumen hin und saftiges Gras. Der Verliebte freut sich und küßt in Erwartung der kommenden Lust ihre zierli-

Europa

Zeus hat Europa, die Tochter des phönikischen Königs Agenor in Gestalt eines Stieres entführt. Hier im Bild neckt sie den Stier, hält ihn am Horn und läuft mit ihm.

Das Motiv findet sich auf einer attischen Vase aus der Zeit 480 v. Chr. (Nationalmuseum, Tarquinia).

chen, weißen Hände. Mit Mühe, mit Müh' nur, erträgt er den Aufschub.

Übermütig spielt der Gott mit dem zutraulichen Mädchen, bald jagt er auf dem grünen Rasen in Sprüngen dahin, bald legt er sich mit seiner schneeweißen Flanke in den gelblichen Sand. Gänzlich verliert nun Europa ihre frühere Furcht, sie krault die weiche Brust des glänzenden Stieres und windet frische Kränze aus Blumen um jedes einzelne Horn.

Da legt er sich vor Europa nieder, und sie wagt es, sich auf den Rücken des friedlichen Tieres zu setzen. Er trabt im Kreise, und die zurückgekehrten Gespielinnen bewundern den Stier, klatschen in die Hände, lachen und singen fröhlich dazu. Unmerklich entfernt sich der verwandelte Zeus vom trockenen Land, setzt vorsichtig den Fuß in die Flut und wagt sich immer weiter hinein in das Meer. Ängstlich blickt Europa zum Ufer zurück und die Furcht scheint ihre Anmut noch zu erhöhen. Mit der einen Hand hält sie sich an dem rechten Horn fest, während die Linke noch den Korb mit den Blumen und Muscheln umfängt. Der Wind bauscht flatternd ihr feines Gewand, spielt leicht mit ihrem offenen Haar. Immer wieder zieht Europa ihre Mädchenfüße vom Meer in die Höhe zurück, damit das kühle, hochspritzende Wasser sie nicht benetze. Doch der verliebte Gott taucht arglistig seinen breiten Rücken in die aufschäumenden Wellen, weil dann die junge Frau seinen Hals noch fester umklammert. Ihre kleinen, ängstlichen Schreie entzücken den ungeduldig die Wogen teilenden Zeus.

Bis nach Kreta entführt der Gott die zarte Europa und geht in der Nähe von Gortynas mit seiner Beute siegreich an Land. Dort verwandelt sich Zeus wieder in seine wahre Gestalt und setzt den Stier, der ihm eine so herrliche Hülle gewesen, zum Dank als Sternbild an den nächtlichen Himmel.

Schon in den Stier hatte sich Europa verliebt, um so glücklicher ist sie jetzt, da sie Zeus in seiner göttlich strahlenden Schönheit erblickt. Unter einer schattenspendenden Platane vereint sich Zeus mit der so ungeduldig begehrten Europa und macht sie zu seiner Geliebten. Zu einem immer grünen Baum ist seither diese Platane geworden.

Immer wieder kehrt Zeus zu Europa zurück. Drei Söhne, Minos, Rhadamanthys und Sarpedon, schenkt sie im Laufe der Jahre in Liebe dem Gott. Der beglückte Zeus überreicht Europa drei Geschenke, die ihr Schutz bieten sollen, wenn er ferne von ihr seine freudvollen, göttlichen Pflichten erfüllt: Einen immer treffenden Speer, Lailaps, den schnellsten aller Hunde der Welt, und Talos, den Bronzemann, der täglich dreimal Kreta umkreist. Riesige Steine wirft er gegen jeden Fremden und eindringende Seeleute verjagt dieser bronzene Mann wütend mit lautem Geschrei. So weiß Zeus Europa, die Geliebte und Mutter seiner Söhne, sicher vor jeder Gefahr.

Schließlich jedoch, nach vielen Jahren - schon sind die Söhne zu kräftigen, jungen Männern geworden - wird Europa die Gattin des kretischen Königs; Asterios ist sein Name, der Sternen-König. Dieser Ehe entspringt eine Tochter, Krete. Doch da dem Paar kein männlicher Nachwuchs beschieden, adoptiert Asterios die Söhne des Zeus und setzt Minos ein zum alleinigen Erben.

In manch sternhellen Nächten blickt Europa, die einem Kontinent ihren Namen gegeben, sehnend zum Himmel empor und gedenkt beim Anblick des Stieres ihres einstigen, nun so fernen Geliebten.

Widder

Zu Athamas, dem König in Boiotien, kam einst Nephele, die Wolke, geschwebt und erwählte sich den Herrscher zum Gatten. Die Göttin gebar ihm zwei Kinder: Helle, ein zartes Mädchen, und Phrixos, den Krausen. Verärgert über die

Verachtung, die Nephele ihm gegenüber des öfteren zeigt, verliebt sich der König in Ino, eine irdische Frau, und bringt sie heimlich zu seinem Palast. Als die Diener Nephele von dem Verrat ihres Gatten berichten, kehrt sie zornig zum Himmel zurück und klagt Hera ihr schreckliches Leid. Diese schwört ewige Rache dem Athamas und seinem Haus.

Ino ersinnt nun eine schreckliche List, um sich von den Kindern aus früherer Ehe möglichst schnell zu befreien. Im geheimen läßt sie die ihr ergebenen Frauen Boiotiens, ohne Wissen ihrer Männer, das Saatgut über dem Feuer rösten und dann in die frisch gewendete Erde säen. Schon schickt die Sonne ihre wärmenden Strahlen herab, doch keinen Halm treibt die Erde hervor, unfruchtbar liegen die Felder.

Ratlos sendet der König Boten zum Orakel Apollons, um zu fragen, was dieser als Rettung empfehle. Jedoch Ino hat bereits zuvor die Gesandten bestochen, und diese melden zurückgekehrt, das Orakel fordere den Tod von Phrixos und Helle.

Lange sträubt sich der König und ist doch gezwungen, auf Drängen der Bürger und der Königin Ino dem schrecklichen Befehl nachzugeben. Athamas schickt nach Phrixos und Helle und sieht unter Tränen zu, wie man sie mit Binden um ihren Kopf zum Opfer bereitet. Ihr Schicksal beklagend, stehen beide vor dem Altar, als ihre Mutter Nephele am Himmel vorbeischwebt und sie erblickt. Erschreckt eilt sie von Wolken umgeben herab und entrückt ihre Kinder geschwind. Einen geflügelten, goldenen Widder gibt sie ihnen zur Flucht, jenen, den ihr Hermes vor Zeiten geschenkt. Hoch durch die Lüfte reiten nun beide, Phrixos und Helle, das weite Meer unter sich, zum fernen östlichen Kolchis. Nur mit schwacher Hand hält sich Helle an des Widders Horn. Beim Blick in die Tiefe beginnt ihr zu schwindeln, sie verliert den unsicheren Halt und stürzt hinab in das Meer, das ihr zu Ehren seither Hellespont, das Meer der Helle, genannt wird. Auch Phrixos ist in großer Gefahr, als er versucht, die Schwester vor dem Sturz zu bewahren. Weinend umklammert er die goldenen Locken des Tieres, nicht wissend, daß Helle bereits vom Meergott zur Gattin genommen. Der Widder ermutigt den Jüngling und bringt ihn auf seinem Rücken sicher zum düsteren Kolchis, wo ihn der grausame König Aietes auf das Geheiß von Zeus freundlich empfängt. Bald darauf gibt er ihm seine Tochter Chalkiope, die mit dem ehernen Antlitz, zur Frau, doch sehnt Phrixos sich bis hin zu seinem Tode heim nach seinem geliebten, sonnigen Hellas.

Phrixos opfert auf Wunsch der Götter den Widder dem Zeus und hängt das goldenes Vlies im heiligen Hain des Ares an den Ast einer Eiche, wo es seither ein feuerspeiender, niemals ruhender Drache bewacht.

Mit gesenktem Haupt zieht der goldfellige Widder seit jenem fernen Geschehen Jahr um Jahr seine Bahn über das nächtliche Sternenrund.

Orion und Hase

Über die hohen Gipfel der Berge, durch unwegsame Schluchten und Wälder schreitet, von seinen Hunden begleitet, Orion, der schöne, strahlende Jäger. Ängstlich fliehen Rehe und Hirsch, wenn er erscheint, verstecken sich in ihren Höhlen Füchse und Luchs. Nur der vorwitzige Hase hält inne und wagt, zwischen hohen Gräsern sicher verborgen, aus der Nähe einen Blick auf Orion, der sich stark genug wähnt, alle Tiere des Erdenkreises zu töten.

Der Schleier eines Geheimnisses liegt über Orion, über seiner Herkunft, seiner Geburt.

Einst war Zeus mit seinen Brüdern unterwegs auf der Erde, mit Poseidon, dem Herrscher des unendlichen Meeres, und mit Hermes, dem Flügelschuhe tragenden Gott der Kaufleute und auch der Diebe. Gegen Abend neigte sich schon der Tag, als sie zu dem winzigen Haus des alten Hyrieus gelangten, der nur ein kleines Feld und einige Olivenbäume besaß. Freundlich lud der Greis die Fremden, die sich nicht zu erkennen gaben, ein in sein Haus und führte sie in eine durch Alter und Rauch schwarz gewordene Kammer. Schnell entfachte Hyrieus mit seinem Atem das Feuer des Herdes erneut. Wenig hatte er den Fremden zu bieten, nur etwas Bohnen und Kohl, die er in Töpfen auf dem Herde erwärmte. Mit zitternder Hand schenkte er einfachen Wein in den Becher, den man weiter reichte vom einen zum andren. Da fiel beiläufig der Name von Zeus, und der alte Mann erblaßte vor Ehrfurcht und Schreck. Hinaus eilte er, um seinen einzigen Stier für die Götter zu schlachten und über dem offenen Feuer zu braten. Auch den seit vielen Jahren im Keller gehüteten Wein holte er für die hohen Gäste hervor.

Bald war der grobe, hölzerne Tisch mit Fleisch und köstlichem Wein reichlich gedeckt. Nachdem die Götter das Mahl mit Freude genossen und auch ihren Durst in vollen Zügen gestillt, boten sie dem Hyrieus an, ihm einen Wunsch zu erfüllen. Tränen traten in die Augen des Greises und zögernd nur wagte er, seinen Wunsch auszusprechen. Kinderlos sei seine Ehe geblieben und ewige Treue habe er der schon lange verstorbenen Gattin geschworen. Doch Vater zu werden und einen Sohn zu besitzen, wären höchstes Glück für die ihm auf Erden noch verbleibenden Jahre.

Die Götter waren gerne bereit, dem Greis diesen Wunsch zu erfüllen. Ernst traten Zeus, Poseidon und Hermes zusammen und ließen ihren göttlichen Samen auf die am Boden liegende Haut des geschlachteten Stieres fließen. Danach wurde das Fell von ihnen vergraben.

Nach zehn Monaten wird ein Knabe aus der Erde geboren. Der dankbare Hyrieus gibt ihm den Namen Orion; der Erdgeborene wird er oft auch genannt, da er der Erde entsprungen.

Schnell wächst der Knabe zu einem riesigen, ernsten Manne heran, der an Kraft und Schönheit alle anderen weit übertrifft. So groß ist er, daß sein Kopf und die Schultern aus dem Wasser ragen, wenn er durch das Meer zu einer benachbarten Insel watet. Von seinem Vater Poseidon hat er auch noch die wundersame Gabe erhalten, über das bewegte Wasser des Meeres schreiten zu können. Als der schönste aller jungen Männer der Erde erregt er selbst die Liebe mancher Göttin im hohen Olymp.

Artemis, die keusche Göttin der Jagd, erwählt Orion zu ihrem Begleiter. Er wird ihr Gefolgsmann, ihr Wächter. Leidenschaftlich ist er wie sie der Jagd nach wilden Tieren verfallen.

Sofort stimmt der Jagdhungrige daher zu, als Oinopion, ein Sohn des Dionysos, ihm die Hand seiner Tochter, der schönen Merope, verspricht, wenn er die Insel Chios von den gefährlichen Raubtieren befreit, die sie täglich bedrohen. Viele Abende bringt Orion die Felle der erschlagenen Tiere zu Merope und verlangt endlich ungeduldig von Oinopion den versprochenen Lohn. Doch dieser ist selbst in seine Tochter verliebt und weigert sich, das Versprechen zu halten. Enttäuscht und wütend betrinkt sich Orion mit schwerem Wein, dringt schwankend in Meropes Schlafgemach ein und verführt im Rausch die begehrte Frau.

Orion versinkt unter der Wirkung des Weines in einen tiefen, bewußtlosen Schlaf. Darauf nur hat Oinopion geduldig gewartet. Er überfällt den wehrlosen Mann, blendet ihn grausam und wirft ihn an die Küste des Meeres. Ein Orakel verkündet dem verzweifelten Helden gänzliche Heilung, wenn er nach Osten wandert und seine Augenhöhlen von den hellen Strahlen des aus dem Meere

Eos

Eos ist eine der liebreizendsten Göttinnen. Die Göttin der Morgenröte war sie, die "Rosenfingrige", die "Safrangewandete", die Göttin des anbrechenden Tages. Titanen waren ihre Eltern und sowohl Eos als auch ihre Geschwister sind Gottheiten, die mit der Natur im engen Zusammenhang stehen. Ihr Bruder war Helios, der Sonnengott, ihre Schwester Selene war die griechische Mondgöttin. Aber auch Hypnos, der Gott des Schlafes und Thanatos, der personifizierte Tod, werden manchmal für Brüder der Eos gehalten. Sehr oft wurde Eos als Lichtgottheit dargestellt, wie sie auf ihrem Wagen mit geflügelten, weißen Rossen dem Sonnenwagen vorausfährt und das Morgenrot an den Himmel zaubert.

Das umseitige Motiv ist auf einer attischen Vase aus der Zeit um 430 bis 420 v. Chr. dargestellt. (Nationalmuseum, Neapel) aufsteigenden Sonnengottes Helios bescheinen läßt.

Da vernimmt sein Ohr das metallische Hämmern einer Schmiede. Tastend geht er in die Richtung der Töne, watet durchs Meer und kommt endlich zur Insel Lemnos, wo sich die Werkstatt des göttlichen Schmiedes Hephaistos befindet. Orion nimmt den Lehrling Kedalion auf seine Schultern und bittet ihn, als sein Führer zu dienen. Über Lande und Meere hinweg weit in den Osten, bis zur entferntesten Grenze des Weltenstroms Okeanos, führt Kedalion den blinden Orion.

Eos, die Göttin der Morgenröte, die ihrem Bruder Helios jeden Morgen mit ihren Rosenfingern die Tore öffnet, erblickt den blinden Orion und verliebt sich augenblicklich glühend in ihn. Schon jedoch erscheint Helios, um seinen goldenen Wagen über den Himmel zu lenken, da tritt ihm Orion entgegen und wird durch die Strahlen des Gottes geheilt.

Eos, die Zarte, Heitere, in ihrem safrangelben Gewand, entführt den schönen Orion nach Delos, der heiligen Insel, wo sie mit ihm jede Nacht zärtlich und verliebt das göttliche Lager teilt. Verborgen bleibt, ob sie den Helden auch zum Gatten genommen.

Artemis, die jungfräuliche Göttin, in deren Gefolge Orion oft in Arkadien jagte, ist empört über die Entweihung der heiligen Insel, auf der sie geboren. Obwohl die Göttin ewige Keuscheit geschworen, fühlt auch sie sich von der Schönheit des Orion seltsam in ihrem Herzen berührt. Doch diese Neigung sich einzugestehen und auch, daß sie den sterblichen Orion der leichtfertigen Eos mißgönnt, dazu ist die Göttin zu stolz. Langsam spannt sie ihren silbernen Bogen und nimmt den für sie unerreichbaren Helden mit ihren sanften Geschoßen hinweg.

Mit leiser Trauer versetzt Artemis den schönen Orion an das Himmelszelt, von wo er sternengegürtet leuchtend auf sie herabstrahlt, wenn sie im Winter jagend die Wälder durchstreift.

Großer Hund

Abwärts senkt sich ein Weg. Von düsteren Eiben umschattet, führt er durch lastendes Schweigen hinab in das schreckliche Reich des ewigen Todes. Feuchte Nebel steigen auf aus dem Styx, dem trägen Unterweltfluß, über den Charon, der übellaunige, alte Fährmann die Schatten der jüngst Verstorbenen setzt. Am jenseitigen, sumpfigen Ufer begrüßt der schreckliche Höllenhund Kerberos schwanzwedelnd die neu angekommenen Seelen, doch begierig verschlingt er jeden Lebenden, der in die Unterwelt eindringen will, und jeden Geist, der daraus zu entfliehen versucht.

Blutlose Schemen in fahler, eisiger Dämmerung, irren als Schatten suchend umher und wissen den Weg nicht zur Burg des dunklen, über die Unterwelt herrschenden Hades. Kein Laut ist zu hören, kein Wort, kein Gesang, nur das scharfe Bellen des Hundes dringt durch die schwebende Düsternis an ihr Ohr.

Ein furchterregendes Untier ist Kerberos, der Wachhund des Hades: Sohn der Menschenfleisch fressenden Echidna, die zur Hälfte eine schöne Frau, zur Hälfte eine widerliche, fleckige Schlange ist, und des riesigen Typhon, dessen hundert vielstimmige Schlangenköpfe zischend die Feinde bedrohen.

Drei Köpfe sitzen auf dem Hals des gefährlichen Hundes, während auf dem Rücken des Tieres greuliche Schlangenköpfe entspringen und ein stachelbewehrter Schlangenschwanz drohend um sich schlägt. Metallen klingt sein wütendes Bellen und rohes Fleisch nur nimmt er als Nahrung.

Großer Hund

Eine letzte Aufgabe hat Herakles, der Sohn des Zeus, noch für Eurystheus, den schwächlichen König, zu leisten, ehe ihn die Götter in die Reihe der Unsterblichen feierlich aufnehmen werden. Unerfüllbar erscheint die geforderte Arbeit, jene, den Kerberos aus dem Reiche des Todes zu holen.

Strengen, reinigenden Riten unterzieht Herakles sich in Eleusis und geht so gestärkt nach Tainaron im südlichen Peloponnes, wo ein Eingang zur Unterwelt liegt. Hermes, der Begleiter der Toten, und Athene, die dem Herakles schon in vielen Gefahren geholfen, empfangen den Helden. Durch einen finster klaffenden Schlund steigen sie auf abschüssigem Pfad in das Reich des Todes hinab. Athene eilt stets hilfreich herbei, um Herakles zu trösten und erneut zu stärken, wenn er, von dem Abstieg erschöpft, an der Erfüllbarkeit seiner Aufgabe zweifelt.

Endlich gelangen sie zum eisigen Styx. Charon, der Fährmann, ist durch die furchterregende Erscheinung des in sein Löwenfell gekleideten Herakles, mit der riesigen Keule in seiner Rechten, so entsetzt, daß er ihn und seine göttlichen Gefährten widerstandslos in seinem brüchigen Kahn über den Fluß setzt. Ein Jahr wird er für dieses Vergehen vom erzürnten Hades in Ketten gelegt.

Am sumpfigen Ufer der anderen Seite erhebt Kerberos sogleich sein dreifaches Haupt und bellt schrecklich aus drei Rachen zugleich. Doch beim Anblick des ankommenden Helden entflieht der Höllenhund zitternd zu Hades, seinem strengen Gebieter.

Gewaltig und selbstbewußt tritt Herakles in die Unterwelt ein und zückt schon seine Waffen, um sich gegen die Medusa und andere ihm erscheinende Feinde zu wehren. Nur schemenhafte Schatten seien die Toten und von ihnen drohe keine echte Gefahr, versichert jedoch Hermes dem Helden.

Vor den Thron des Hades stellt sich Herakles breitbeinig hin und fordert drohend den grimmigen Hund. Schon hebt der Unterweltkönig den gebietenden

Arm, um den maßlosen Sterblichen in die Schranken zu weisen, da erscheint Persephone, die schöne Gemahlin des Hades, und begrüßt Herakles wie einen Bruder. Ihre freundlichen Worte beruhigen den erregten Helden und ihren erzürnten Gatten zugleich. Großzügig gewährt Hades dem Helden nun, den Höllenhund mit sich nehmen zu dürfen; doch nur, wenn es ihm gelinge, ihn ohne Waffen, ohne seine Keule oder Pfeile gefangenzunehmen.

Herakles entdeckt den entflohenen Kerberos an der Pforte des Acheron, einem Nebenarme des Styx. Sofort faßt der Held mit festem Griff nach seiner Kehle und würgt das entsetzliche Untier mit aller Kraft. Wütend schlägt der Hund mit dem stachligen Schlangenschwanz heftig um sich und beißt den Herakles in sein Bein. Doch Herakles, durch das Fell des nemeischen Löwen wie mit einem stählernen Panzer geschützt, lockert den harten Griff nicht. Nach Luft schnappend und entkräftet, muß sich der Hund dem Helden ergeben, der ihm mit Ketten aus stählernen Gliedern unentrinnbare Fesseln anlegt.

Auf dem Weg zurück aus der Unterwelt windet sich Herakles einen Kranz von dem Baum, den Hades gepflanzt und der am Teich der Erinnerung wächst. Schwarz wie die Farbe der Unterwelt sind die äußeren Blätter, während jene, welche die Brauen des Helden berühren, durch den Schweiß sich in silberweiße Blätter verwandeln. Seither ist dem Herakles die weiße Pappel geweiht, ein Zeichen für sein Wirken in beiden Welten.

Mit Hilfe Athenes zerrt Herakles den widerstrebenden Hund mit sich fort. Als sie durch eine Höhle das Tageslicht wieder erreichen, sucht der Hund seine Augen von den blendenden Sonnenstrahlen entsetzt abzuwenden. Mit wütendem Gebell erfüllt er rasend vor Zorn die Luft und schäumender Geifer trieft aus seinen gräßlichen Rachen. Der Eisenhut, eine giftige Pflanze, ist aus diesen Tropfen entstanden, eine Pflanze, die selbst ohne Erde auf hartem Felsen kräftig gedeiht.

Quer über das Land und durch die Städte schleppt Herakles den geifernden Hund bis nach Mykene. Männer, Frauen und Kinder erstarren beim Anblick seiner gefährlich blau funkelnden Augen und der nach allen Seiten züngelnden Schlangenköpfe auf seinem Rücken. Nach Mykene gelangt, springt Kerberos, wiewohl von den schweren Ketten gehalten, Eurystheus mit wütendem Bellen an. Zu Tode erschreckt flieht der König und versteckt sich in seinem ehernen Faß.

Herakles bringt darauf den grauenerregenden Hund eigenhändig in das Reich der Toten zurück, wo er, wie zuvor, ruhig und wedelnd die Schatten der Verstorbenen begrüßt, aber Lebende mit seinen drei Köpfen wütend bedroht.

Die Unsterblichkeit ist nun dem mächtigen Helden gewiß und er wird aus der schmählichen Gefolgschaft des Eurystheus entlassen. Viele Abenteuer und gefährliche Kämpfe hat Herakles noch zu bestehen, viele Leiden sind ihm bestimmt, ehe er in den Olymp aufsteigen wird, um an der Seite der Götter zu wohnen.

Kerberos, der schreckliche Höllenhund, ist zur Erinnerung an diese Tat des Nachts als Sternbild des Großen Hundes am Himmel zu sehen. Geht Herakles leuchtend im Osten auf, ist Kerberos mit wütendem Bellen im fernen Westen bereits entflohen.

Kleiner Hund und Großer Wagen, Jungfrau und Bootes

In Gestalt eines Jünglings, von dunklen Locken umflossen, erscheint Dionysos, der Gott des Weines und der Ekstase, mit seinem Gefolge zu Zeiten den Menschen auf Erden. Meist wird er von den pferdeohrigen Silenen und von Satyrn begleitet, welche die Fruchtbarkeit schützen, aber auch von hemmungslosen und wilden Frauen mit aufgelöstem Haar, den Mainaden, die als Waffe den Thyrsos tragen, einen efeuumwundenen Stab, auf dessen Spitze als Phallussymbol ein Pinienzapfen steckt. Den berauschenden Efeu kauend und mit Reh- oder Pantherfellen bekleidet, begehen die rasenden Mainaden auf den Bergen die dionysischen Riten mit Gesang, ekstatischem Tanz und Musik.

Doch gibt es auch Zeiten, zu denen Dionysos unerkannt durch die Dörfer und über die Hügel zieht, um die Kultur des Weines unter die Menschen zu bringen und die Liebe zu diesem edlen Getränk zu vermehren. Als Wanderer wird er eines Tages von Ikarios, einem attischen Bauern, und seiner Tochter Erigone in ihrem Hause freundlich willkommen geheißen und auf das Beste bewirtet. Der Gott lehrt Ikarios alles über die Kunst des ihm fremden Weinbaus, über die Pflege der Reben und das Keltern der Trauben. Zum Abschied erhält der Bauer als Dank für die große Gastfreundschaft von Dionysos einen Weinstock geschenkt. Ikarios pflanzt die göttliche Rebe in seinem Garten, wo sie herrlich gedeiht und sich in Kürze reichlich vermehrt. Üppig hängen die dunklen Trauben im herbstlichen Weinlaub und bald kann Ikarios den ersten selbst gekelterten Wein in die Weinschläuche füllen.

Von dem Genuß des edlen Saftes belebt, führt Ikarios einen wilden Freudentanz auf dem Ziegenschlauch aus. Sogleich will er auch die anderen Menschen an dem Geschenk des Gottes teilhaben lassen. Er belädt seinen Wagen mit den prallen Schläuchen, fährt eiligst los und läßt als erstes einige Hirten den köstlichen Trank prüfen. Unverdünnt und in vollen Zügen trinken sie durstig den kühlen Wein, doch bald schon verwirrt sich ihr Denken und lallend nur kommen die Worte aus ihrem Mund. Voll Entsetzen glauben sich die Hirten vergiftet oder einem bösen Zauber verfallen, und sie erschlagen mit Keulen den freigiebigen Bauern. Auf dem Berge Hymettos vergraben sie unter einer dunklen Tanne heimlich die Leiche. Voll Sorge sucht Erigone nach ihrem ver-

Mainade

Mainaden waren die Begleiterinnen des Dionysos. Ein lärmender, ekstatischer und orgiastischer Kult verehrte ihn. Gesang, Tanz und Musik betrieben sie, oft waren sie nur mit Fellen bekleidet und mit Efeu bekränzt. Sie trugen Stäbe in der Hand, die mit einem Pinienzapfen gekrönt waren, ein phallisches Symbol, welches ihre tätige Unbekümmertheit um Anstand und Sitte symbolisierte. In ihrer orgiastischen, trunkenen Ekstase waren sie auch oft gewalttätig.

Das Mainaden-Motiv, aus der Zeit 400 v. Chr., ist auf einem attischen Gefäß abgebildet (Badisches Landesmuseum, Karlsruhe).

schwundenen Vater, da zerrt Maira, des Ikarios' Hund, an ihrem Gewand und führt sie zu dem im Walde versteckten Grab. Verzweifelt über den Tod ihres gütigen Vaters, erhängt sich Erigone an dem Ast eines hohen Tannenbaumes. Doch zuvor bittet sie noch, daß die Töchter der Stadt Athen das gleiche Schicksal erleiden sollten, solange diese schreckliche Tat nicht gesühnt worden ist. Nur die Götter vernehmen ihre anklagenden Worte. Erzürnt über den Mord an Ikarios, verzaubert Dionysos die athenischen Mädchen und treibt sie in einen todbringenden Wahn. Bis man endlich die schuldigen Hirten entdeckt und bestrafen kann, werden viele Mädchen, so wie Erigone, von Tannenbäumen hängend, tot aufgefunden.

In Gedenken an dieses Geschehen führen die Menschen das Fest der Weinlese ein. Trinkopfer werden dem Ikarios und seiner Tochter Erigone feierlich dargebracht, und Mädchen schwingen auf schmalen Brettern, die an Seilen von starken Ästen hängen, unter den Bäumen anmutig hin und her.

Dionysos, tief betrübt, daß seine göttliche Gabe dem Bauern solches Unglück gebracht, setzt Erigone als Jungfrau, den treuen Hund Maira als Kleinen Hund und den Ikarios als Bootes unter die Sterne. Der mit den Weinschläuchen beladene Wagen leuchtet als Himmelswagen jede Nacht auf die Menschen herab.

HIMMELSKARTEN

Himmelskarten

Die Himmelskarten zeigen die zu einem bestimmten Zeitpunkt am Himmel sichtbaren Sternbilder. In jeder Himmelskarte ist eine Kreislinie eingetragen, die die idealisierte Horizontlinie darstellt. Die Horizontlinie und die Himmelsrichtungen, die in den Karten eingetragen sind, helfen dem Beobachter, die Sternbilder am Himmel zu identifizieren. Alles, was innerhalb der Kreislinie eingezeichnet ist, ist auch am Himmel zu sehen. Man hält hierzu die Himmelskarte derart vor sich hin, daß die gewünschte Himmelsrichtung am *unteren (!) Kartenrand* zu lesen ist. Will man etwa nach Westen, Norden oder Osten schauen, dann wird man die Karten also zu verdrehen haben. Der Mittelpunkt des kreisförmigen Kartenfeldes zeigt jenen Teil des Himmels, der genau *über dem Betrachter* liegt; der Kartenmittelpunkt bildet also den "Zenit" ab.

Außerhalb der kreisförmigen Horizontlinie sind solche Sterne eingezeichnet, die für uns unter dem Horizont liegen, die zum Beispiel (soferne sie im Osten liegen) erst etwas später aufgehen, oder (soferne sie im Westen liegen) schon untergegangen sind, oder jene, die zufolge unserer geographischen Breite für uns überhaupt unsichtbar bleiben und sich nur dann zeigen, wenn man zum Beispiel nach Finnland oder nach Ägypten fährt. Die Himmelskarten enthalten die hellsten Sterne und die Konturlinien, die zum Teil auch schwächer leuchtenden Sternen folgen. Überall, wo die Konturlinien beginnen oder enden oder einen Knick aufweisen, steht ein Stern. Die Sternbilder sind mit ihren deutschen Namen beschriftet und auch manche Bezeichnung bedeutender Einzelsterne ist eingetragen.

Die Planeten und der Mond liegen am Firmament stets im Bereich der Ekliptik[1], das ist die in den Himmelskarten eingezeichnete punktierte Bahn. Diese

---

[1] Es war eine hervorragende wissenschaftliche Leistung, daß die antiken Astronomen durch Messungen erkannt haben, daß sich die Sonne vor dem Fixsternhintergrund verschiebt und dabei eine sehr einfache Bahn durchläuft. Es handelt sich um einen großen Kreis, der das gesamte Himmelsgewölbe überstreicht. Dieser Kreis ist die *Ekliptik*, die als punktierte Bahn in den Himmelskarten eingezeichnet ist. Bei *Früh-*

Bahn führt durch die Sternbilder des sogenannten Tierkreises[2]. Die Planeten, die sich als sogenannte Wandelsterne im Lauf der Monate gegen den Fixsternhintergrund verschieben, gehören also nicht zu den Sternbildern, auch wenn sie manchmal am Himmel in Sternbildern zu sehen sind. Man erkennt die Planeten

---

*lings*beginn (etwa 21. März) steht die Sonne auf der Ekliptik in Position 0°. Zu Beginn des *Sommers* (etwa 22. Juni) bei 90°. Zu *Herbst*beginn (etwa 23. September) bei 180°. Zu *Winter*beginn (etwa 22. Dezember) bei 270°.

[2] Wie man aus den nachfolgenden Himmelskarten ersehen kann, sind das die 12 Sternbilder: Fische, Widder, Stier, Zwillinge, Krebs, Löwe, Jungfrau, Waage, Skorpion, Schütze, Steinbock und Wassermann. Diese Tierkreis-*Sternbilder* darf man nicht mit den astrologischen Tierkreis*zeichen* gleichen Namens verwechseln.

Das astrologische Tierkreiszeichen:	liegt auf der Ekliptik zwischen:
Widder	0° und 30°
Stier	30° und 60°
Zwillinge	60° und 90°
Krebs	90° und 120°
Löwe	120° und 150°
Jungfrau	150° und 180°
Waage	180° und 210°
Skorpion	210° und 240°
Schütze	240° und 270°
Steinbock	270° und 300°
Wassermann	300° und 330°
Fische	330° und 360°

Vor vielen Jahrhunderten waren die Winkelbereiche der Tierkreis*zeichen* und der Tierkreis-*Sternbilder* etwa identisch. Wegen der Drehbewegung der Erd-Kreiselachse fallen heute die Tierkreiszeichen nicht mehr mit den Tierkreis-Sternbildern zusammen. Wie man auf den Himmelskarten sehen kann, ist die Verschiebung schon recht beträchtlich. Jedenfalls ist zum Beispiel das Sternbild des Widders (vergleiche Karte 1) nicht zwischen 0° und 30° am Himmel zu sehen, wie es die obige Tabelle angibt, sondern um ein wesentliches Stück nach Osten verschoben.

am Abendhimmel im allgemeinen an ihrer ungewöhnlich starken Helligkeit und an ihrem ruhigen Licht (Gegensatz: helle Fixsterne funkeln oft). Wenn man das beachtet, dann wird sich sicher vermeiden lassen, Planeten mit den Fixsternen der Sternbilder zu verwechseln.

Wenn man das erste Mal die Sternbilder am Himmel aufsucht, so meint man oft, daß es sich um recht kleine Figuren handelt, die man da entdecken soll. Man ist in vielen Fällen überrascht, wie groß die meisten Sternbilder tatsächlich sind.

In diesem Buch geht es darum, von den Gestalten der Mythologie nicht nur zu lesen, sondern sie auch am Sternenhimmel selbständig aufzufinden. Mythologische Erzählungen und optischer Eindruck haben immer eine Einheit gebildet. Die Himmelskarten wurden daher für diesen Gebrauch möglichst einfach gestaltet. In einem anderen Werk[3] wurden auch Himmelskarten berechnet und dargestellt, die *alle* mit freiem Auge leicht sichtbaren Sterne und Planeten enthalten und gleichfalls auch ihre Bewegung im Lauf der Nacht und im Lauf des Jahres vor Augen führen.

---

[3] FASCHING G.: Sternbilder und ihre Mythen. Springer Verlag, Wien New York, 3., erweiterte Auflage, 1998.

Himmelskarten

15. JÄNNER
21 Uhr Normalzeit

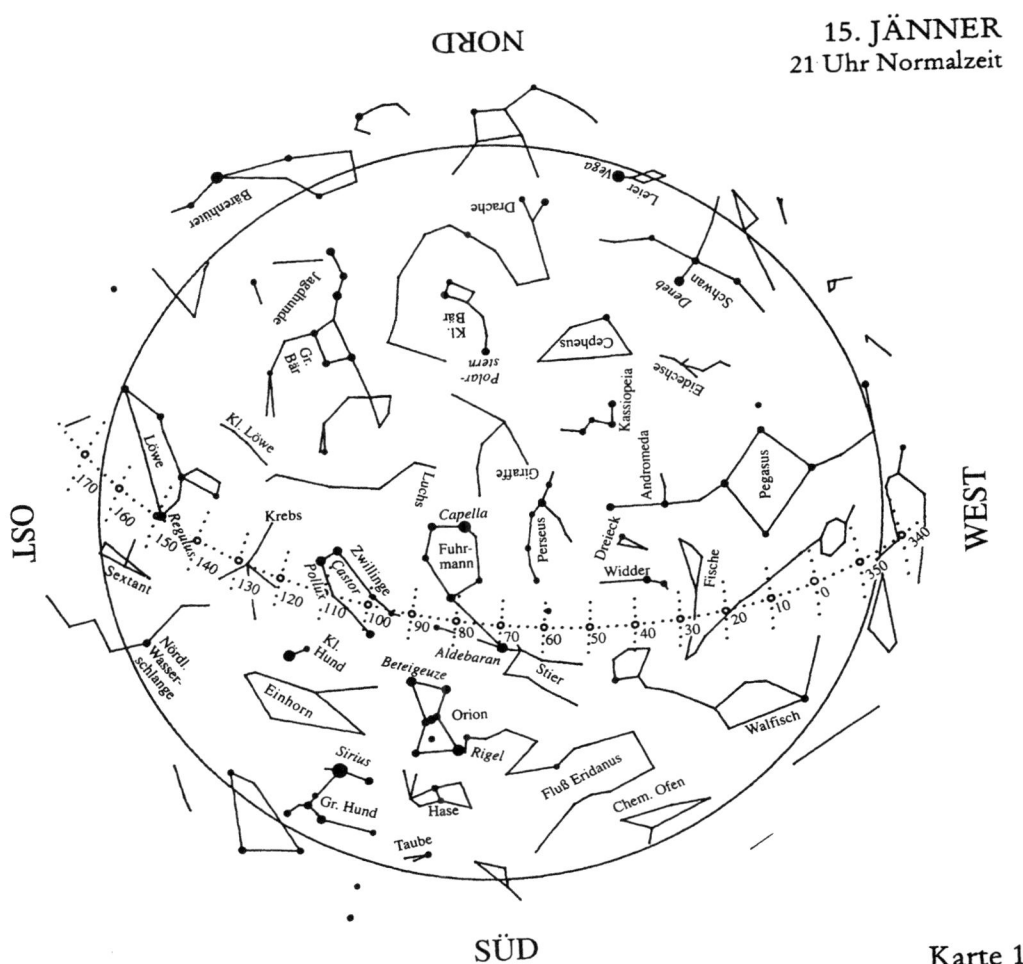

Karte 1

Himmelskarten

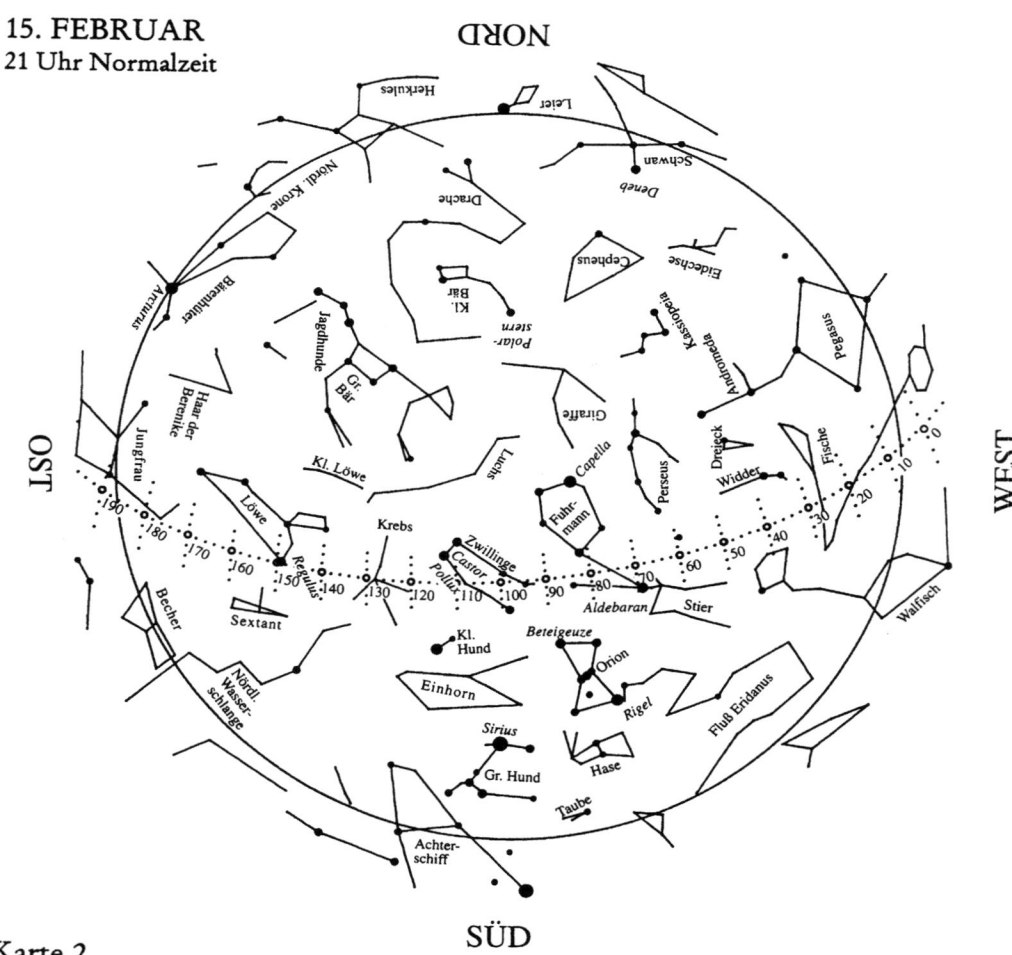

15. FEBRUAR
21 Uhr Normalzeit

Karte 2

Himmelskarten

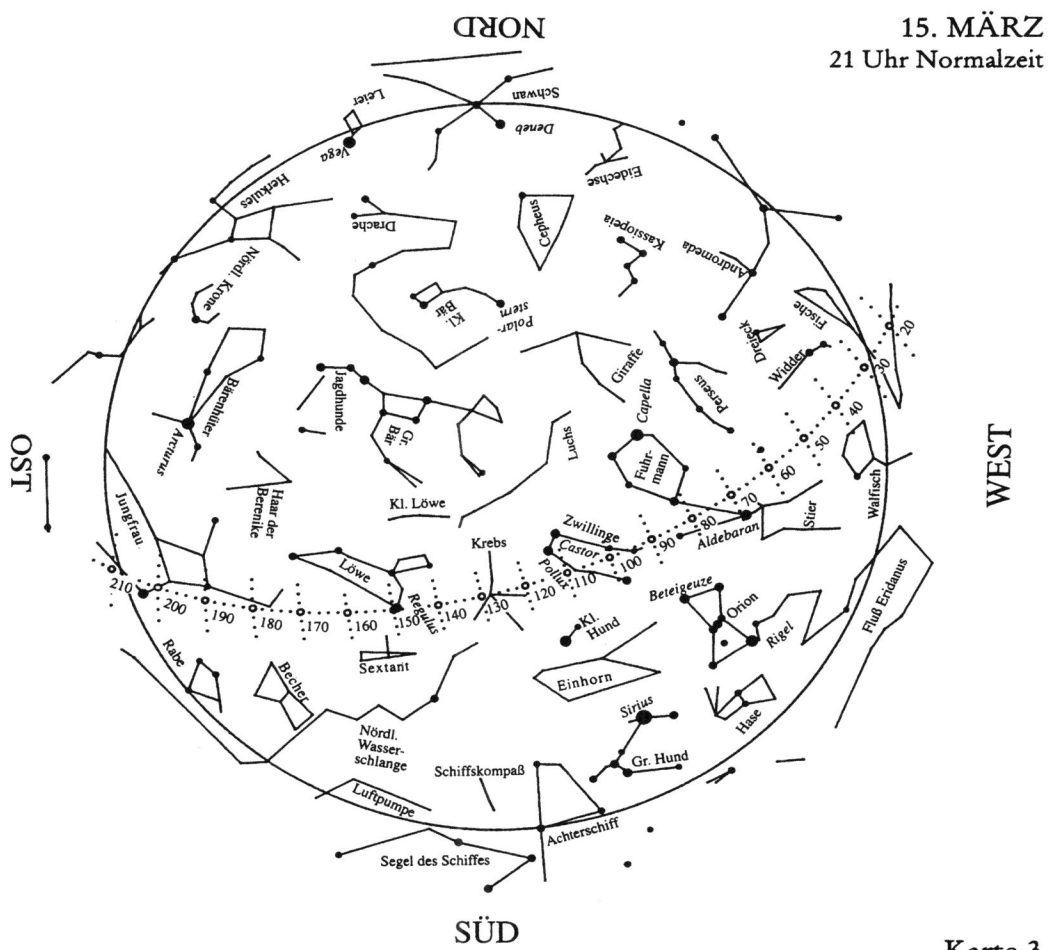

15. MÄRZ
21 Uhr Normalzeit

Karte 3

Himmelskarten

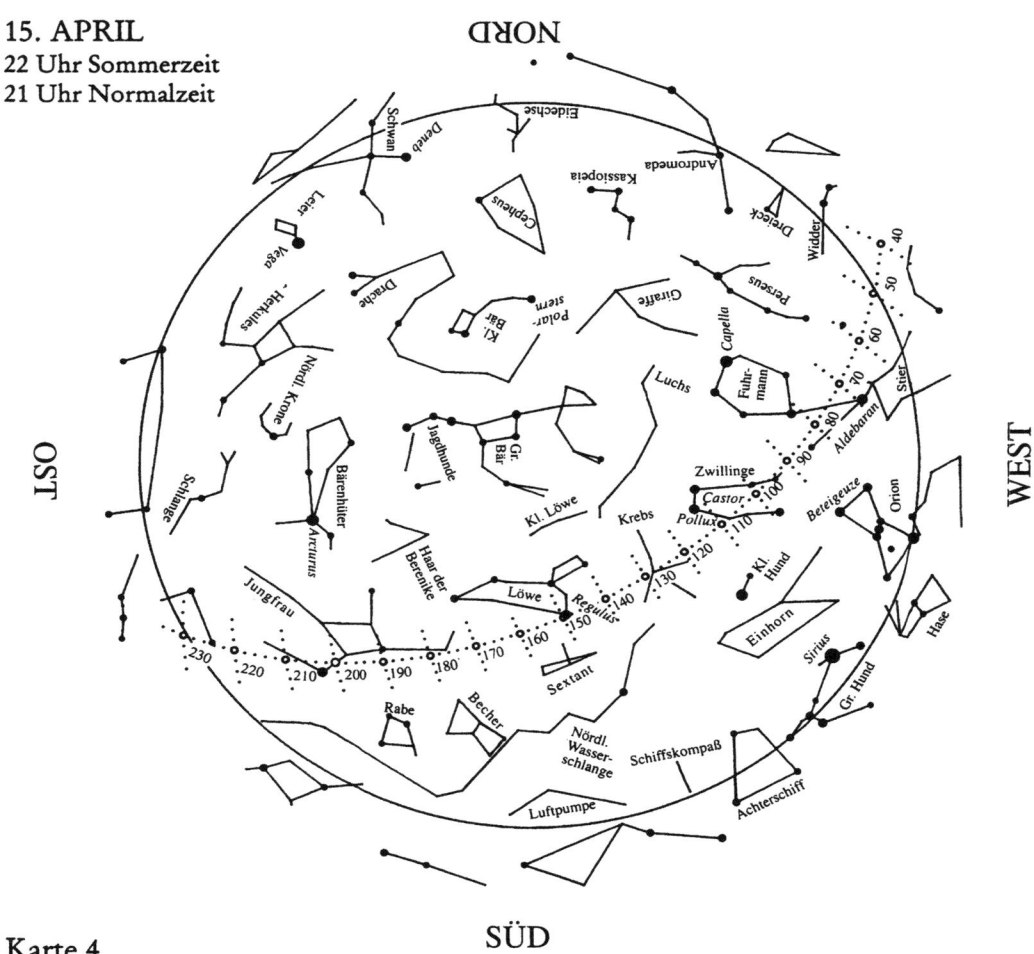

Karte 4

Himmelskarten

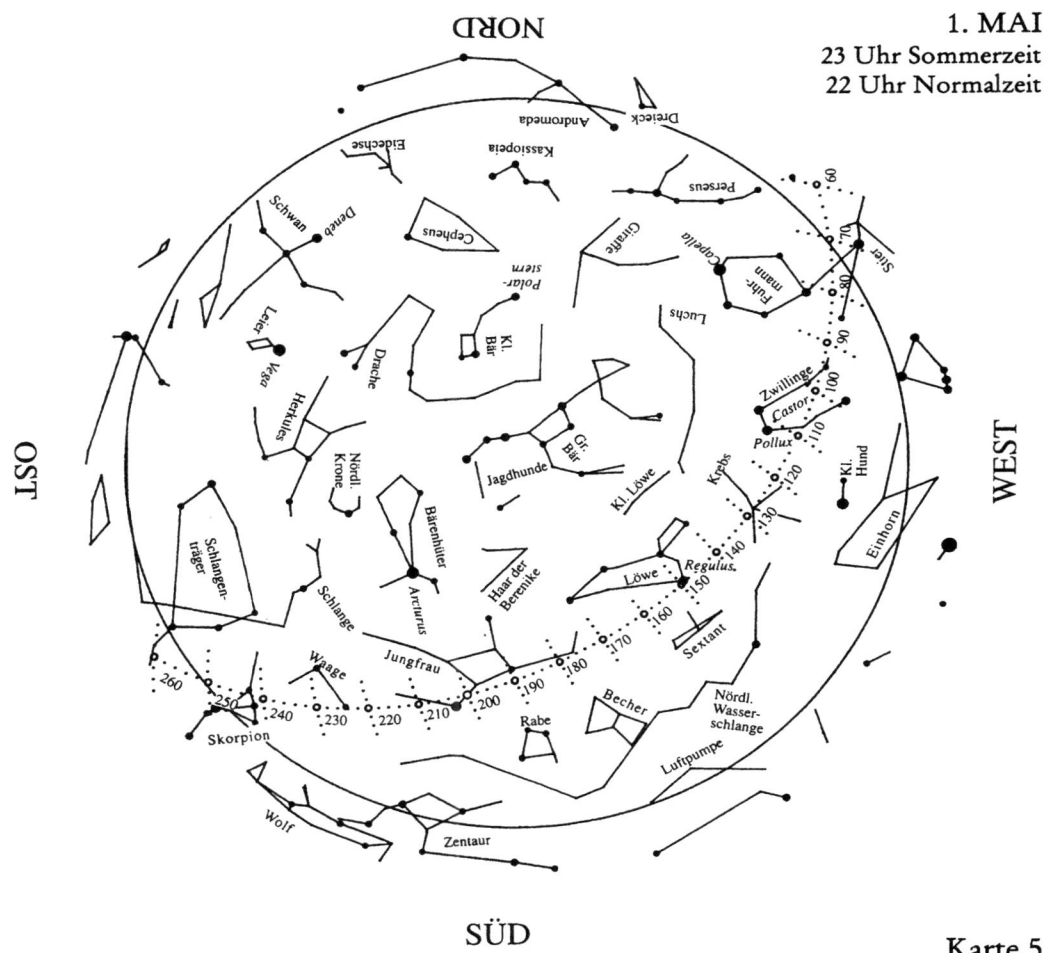

1. MAI
23 Uhr Sommerzeit
22 Uhr Normalzeit

Karte 5

Himmelskarten

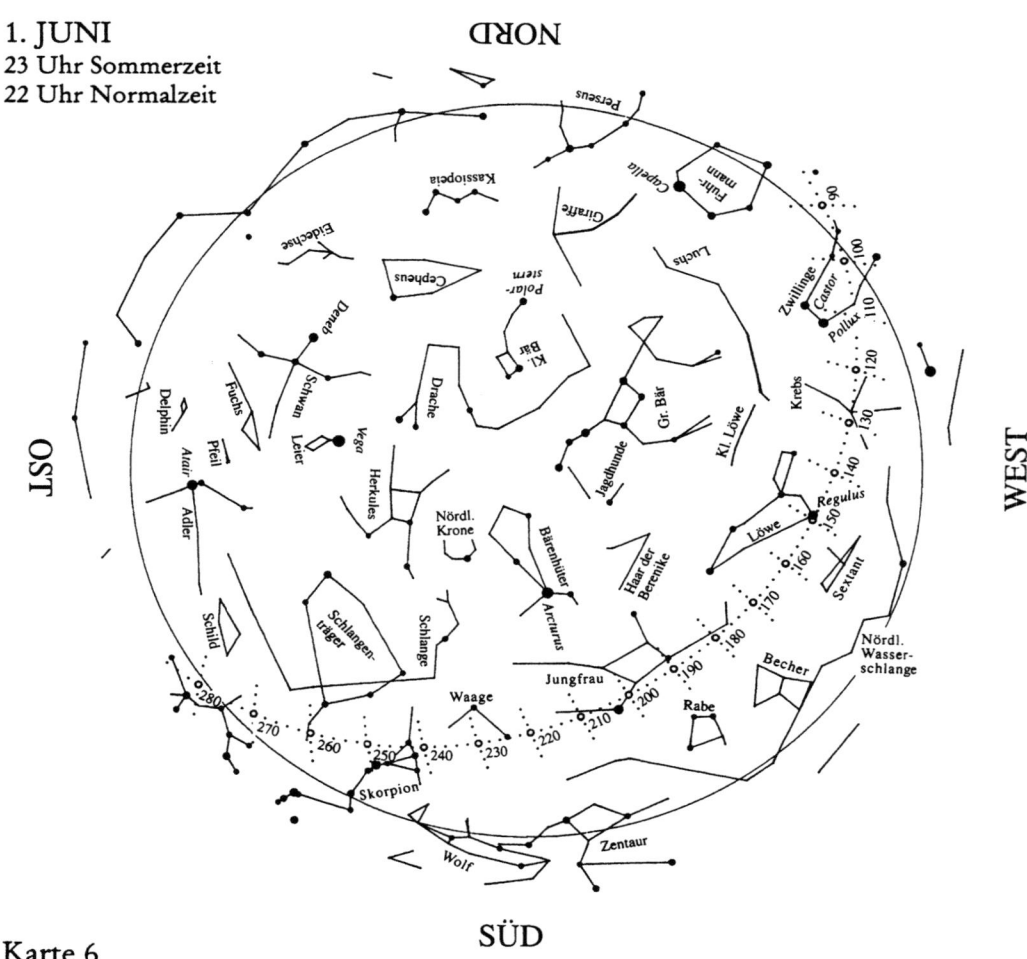

Karte 6

Himmelskarten

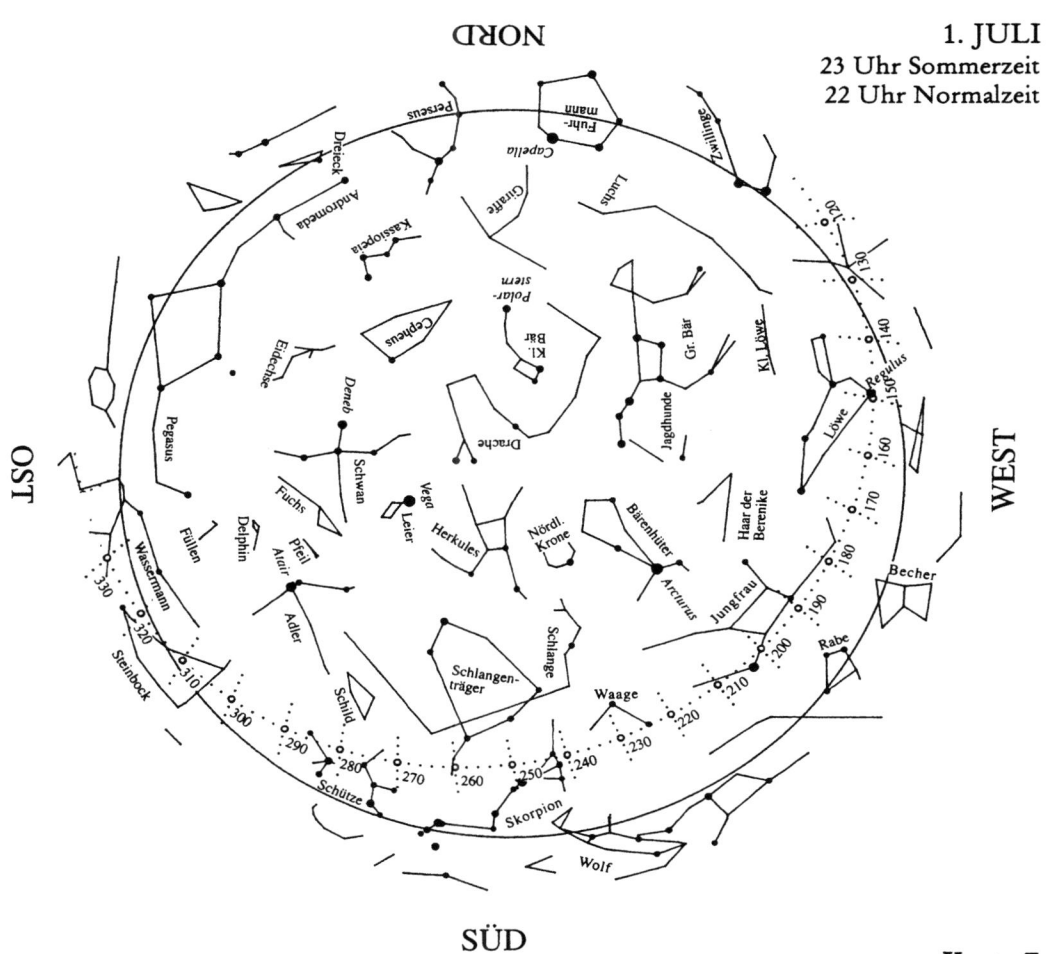

1. JULI
23 Uhr Sommerzeit
22 Uhr Normalzeit

Karte 7

Himmelskarten

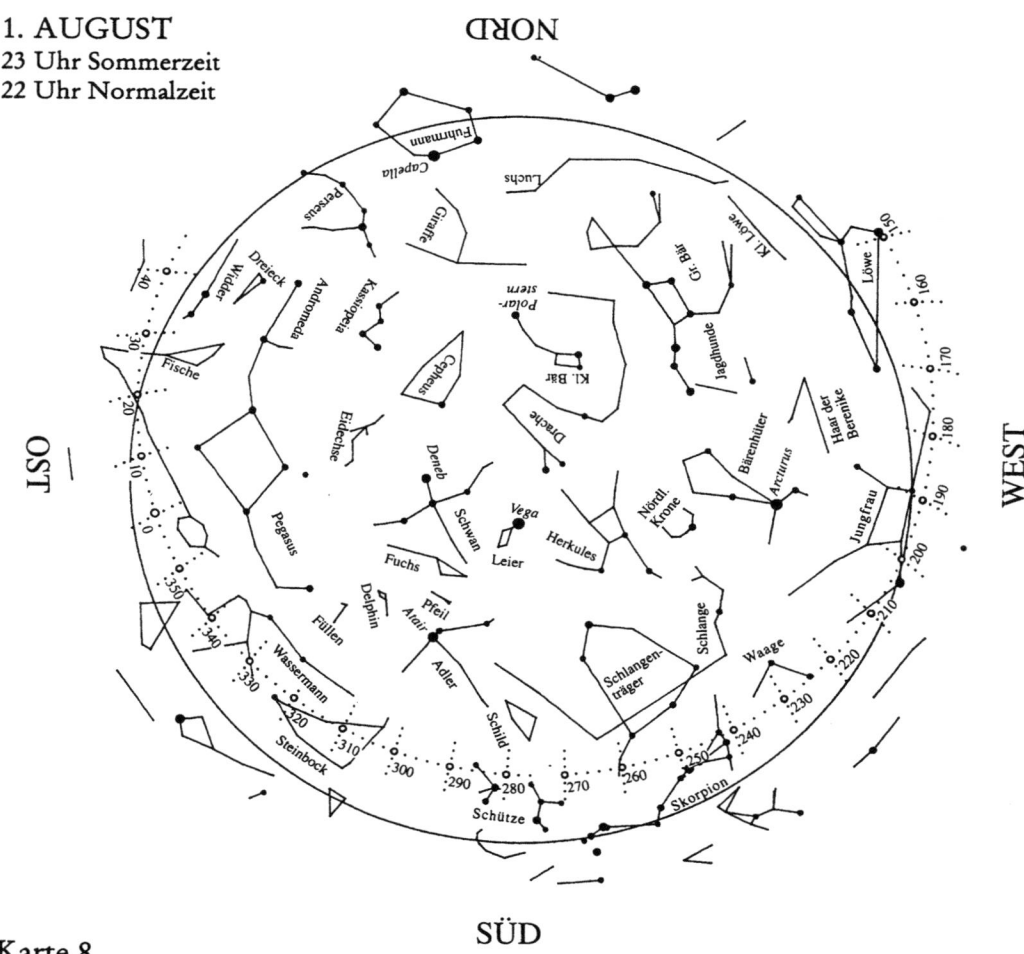

Karte 8

Himmelskarten

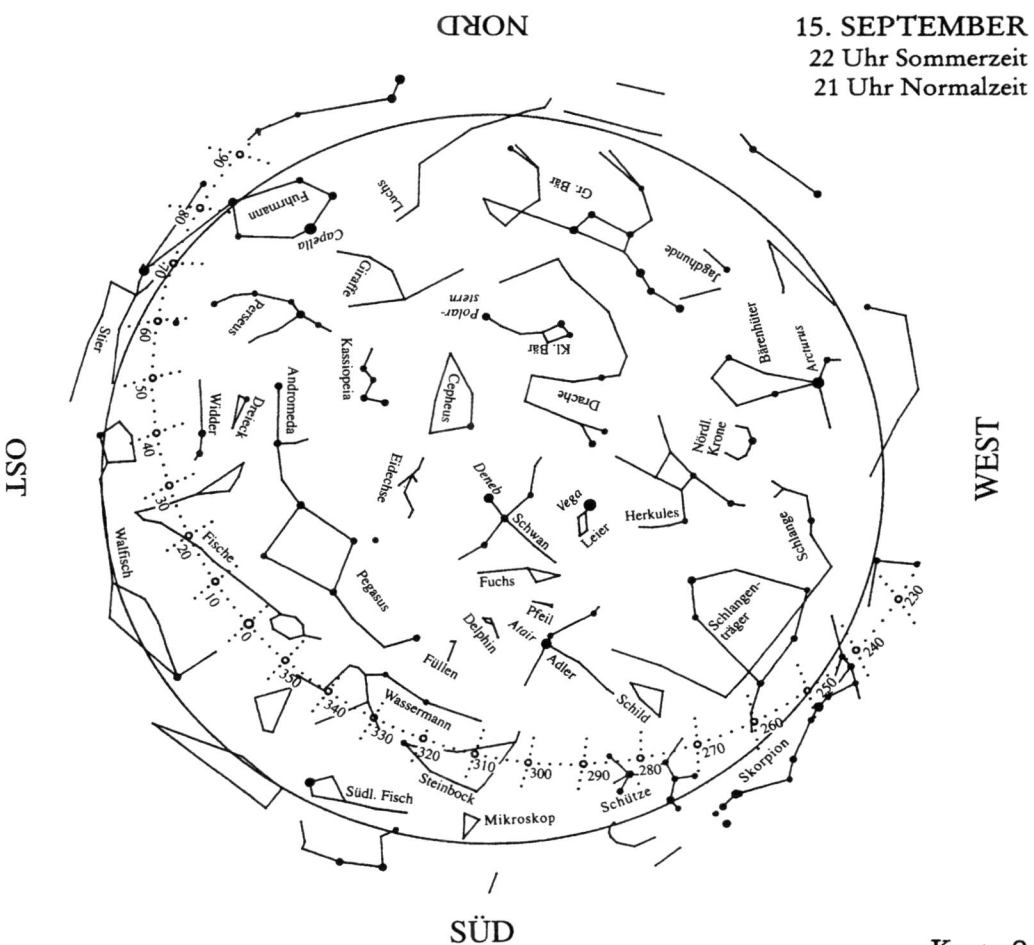

Karte 9

Himmelskarten

15. OKTOBER
22 Uhr Sommerzeit
21 Uhr Normalzeit

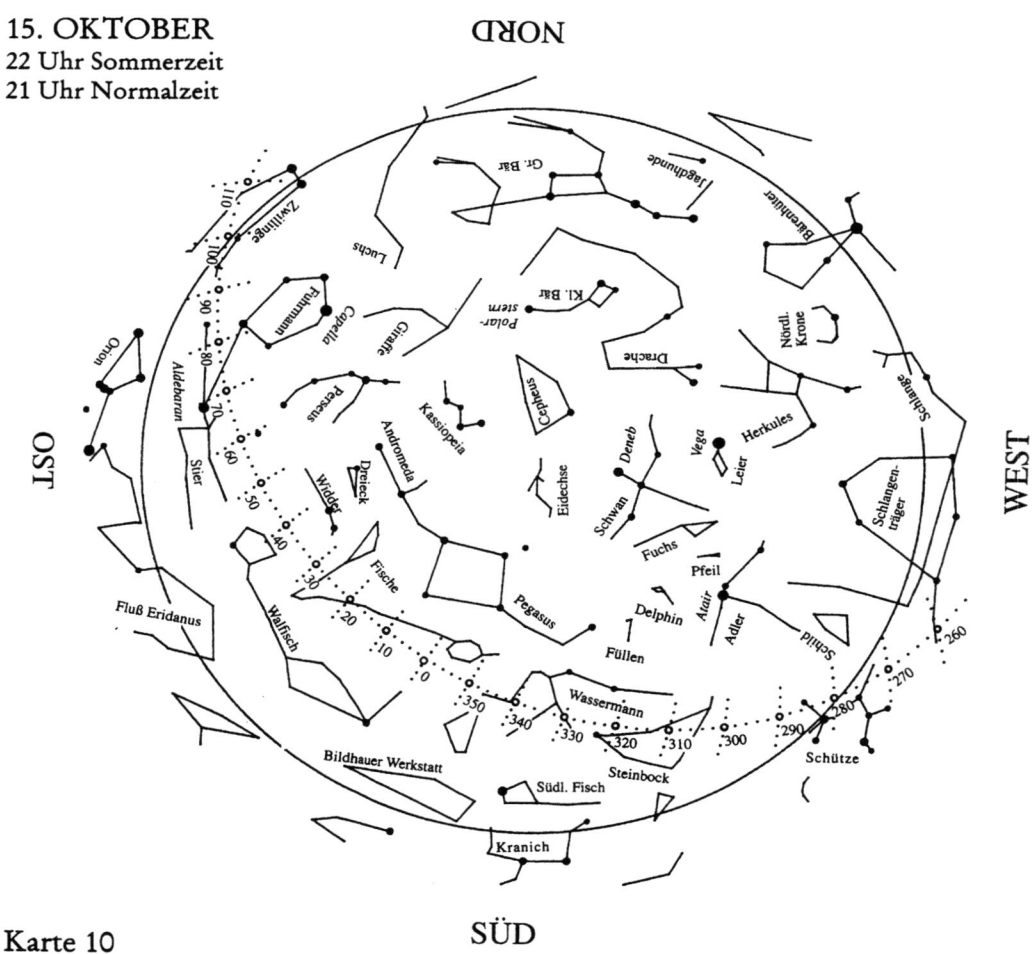

Karte 10

Himmelskarten

15. NOVEMBER
21 Uhr Normalzeit

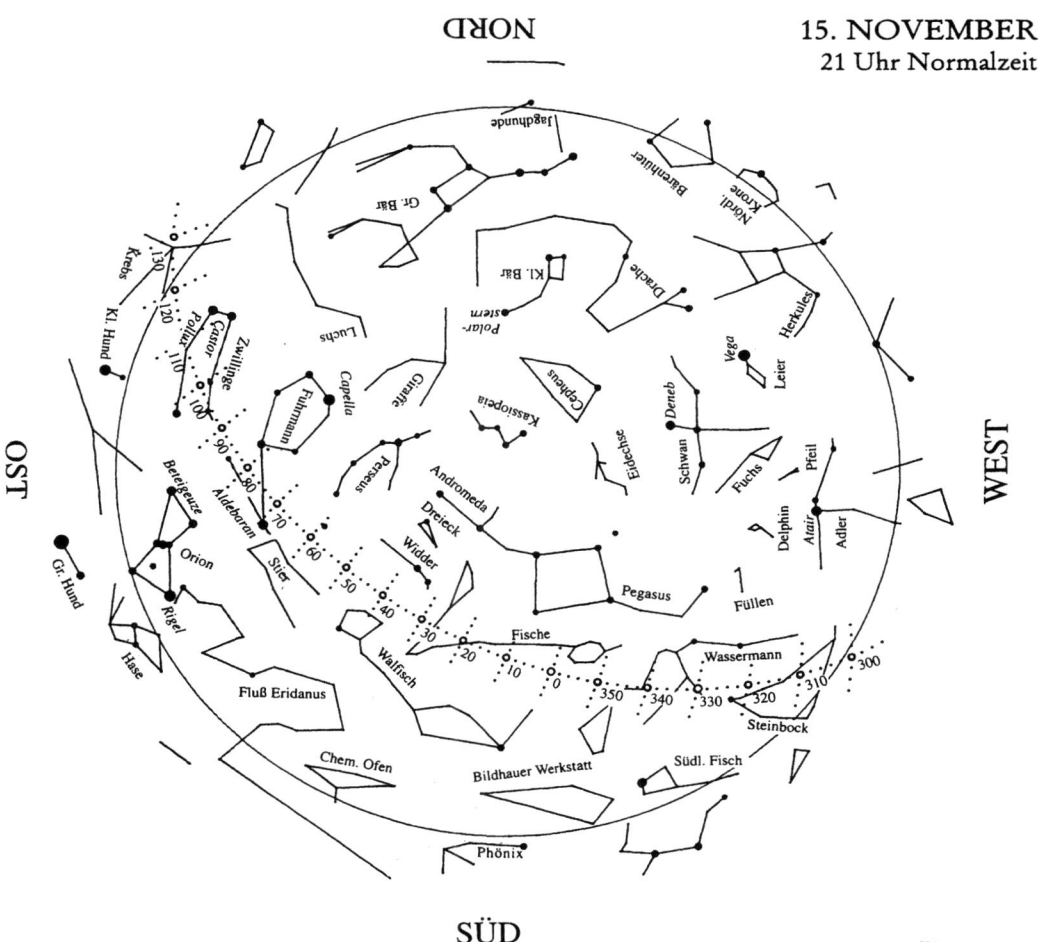

Karte 11

Himmelskarten

15. DEZEMBER
21 Uhr Normalzeit

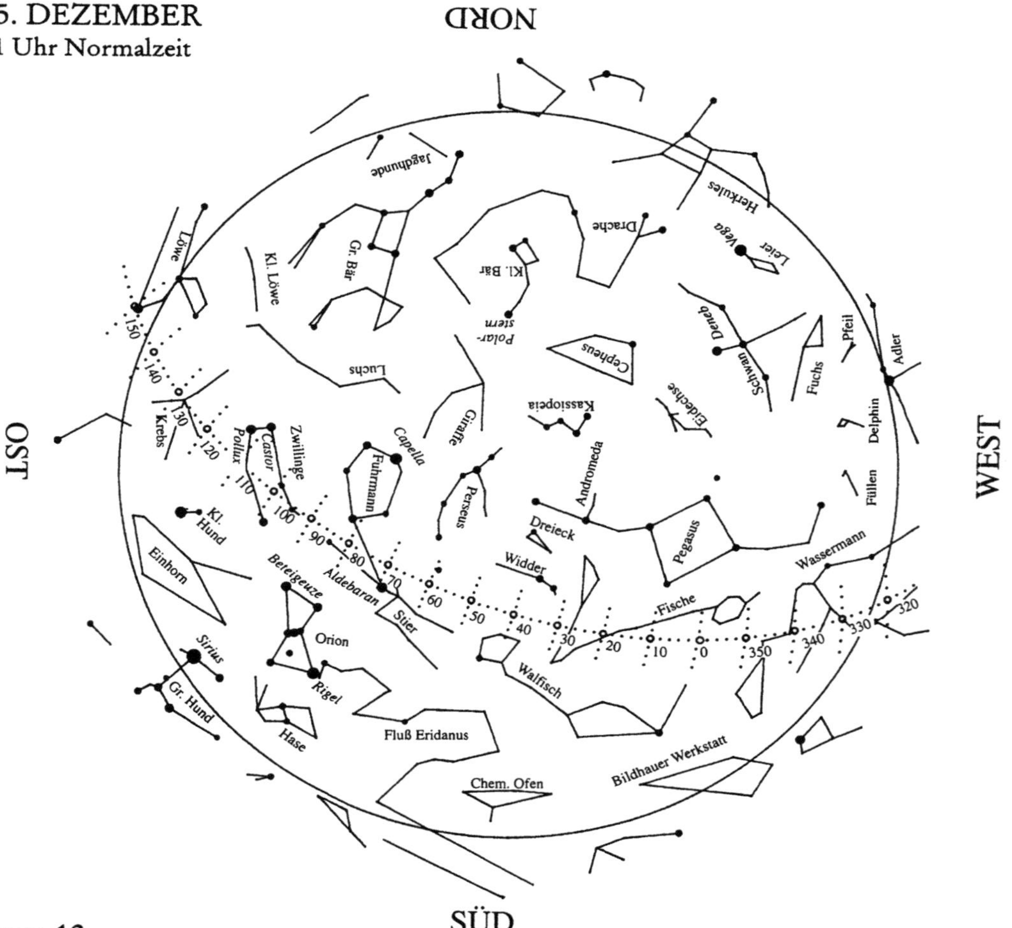

Karte 12

Anmerkungen zu den Himmelskarten

Die Himmelskarten gelten für geographische Breiten von 50° ± 15°, soferne man auch die Sterne jenseits der nördlichen und südlichen Horizontlinie in die Beobachtung einbezieht.

Die Himmelskarten sind Projektionen des gesamten Himmelszeltes auf die Papierebene. Bei jeder Projektion einer Kugelfläche auf eine Ebene kommt es unvermeidlicherweise zu Verzerrungen. Für die Berechnung der einzelnen Sternpositionen haben wir die äquidistante Azimutalprojektion verwendet, bei der horizontnahe Sternbilder zwar größer erscheinen, als wenn sie hoch am Himmel stehen. Solche Verzerrungen stören aber bei der Beobachtung des Himmels relativ wenig, weil horizontnahe Objekte infolge einer optischen Täuschung ohnehin ausgedehnter wirken, wie man das beim aufgehenden Mond jedesmal eindrucksvoll empfindet.

Die hier dargestellten Himmelskarten wollen den Leser mit den typischen Konturlinien der Sternbilder vertraut machen. Helle Sterne sind als mehr oder minder große Punkte dargestellt; die Konturlinien folgen aber zum Teil auch schwach leuchtenden Sternen. Überall, wo also die Konturlinien beginnen oder enden oder einen Knick aufweisen, steht ein Stern. Dadurch, daß in diesen Karten nur die hellsten Sterne eingezeichnet wurden, konnten die Himmelskarten übersichtlich gehalten werden und man war in der Lage, auch Beschriftungen einzufügen.

Die voranstehenden Himmelskarten gelten für jenen Zeitpunkt, der oben am Kartenblatt vermerkt ist. Will man zu einem anderen Zeitpunkt beobachten, dann muß man sich die zutreffende Karte aus der nachfolgenden Aufstellung der Monatstabellen heraussuchen. Die Angaben zeigen, daß die Himmelskarten den Sternenhimmel in Abständen von 2 Stunden für die Monate Jänner bis

Dezember darstellen. Ein zweistündiger Abstand ist ausreichend, weil auf den Karten die Sterne auch jenseits der Horizontlinie eingezeichnet wurden und der Beobachter damit die Himmelsverschiebung berücksichtigen kann. In gleicher Weise genügt auch der 14-tägige Abstand, um zu jedem beliebigen Zeitpunkt des Jahres Himmelsbeobachtungen machen zu können.

MONATSTABELLEN

Monatstabellen

1. Jänner
Abendhimmel
18 Uhr Karte 11
20 Uhr Karte 12
22 Uhr Karte 1
24 Uhr Karte 2
 2 Uhr Karte 3
 4 Uhr Karte 4
 6 Uhr Karte 5
Morgenhimmel

15. Jänner
Abendhimmel
19 Uhr Karte 12
21 Uhr Karte 1
23 Uhr Karte 2
 1 Uhr Karte 3
 3 Uhr Karte 4
 5 Uhr Karte 5
Morgenhimmel

1. Februar
Abendhimmel
18 Uhr Karte 12
20 Uhr Karte 1
22 Uhr Karte 2
24 Uhr Karte 3
 2 Uhr Karte 4
 4 Uhr Karte 5
 6 Uhr Karte 6
Morgenhimmel

15. Februar
Abendhimmel
19 Uhr Karte 1
21 Uhr Karte 2
23 Uhr Karte 3
 1 Uhr Karte 4
 3 Uhr Karte 5
 5 Uhr Karte 6
Morgenhimmel

1. März
Abendhimmel
18 Uhr Karte 1
20 Uhr Karte 2
22 Uhr Karte 3
24 Uhr Karte 4
 2 Uhr Karte 5
 4 Uhr Karte 6
 6 Uhr Karte 7
Morgenhimmel

15. März
Abendhimmel
19 Uhr Karte 2
21 Uhr Karte 3
23 Uhr Karte 4
 1 Uhr Karte 5
 3 Uhr Karte 6
 5 Uhr Karte 7
Morgenhimmel

Monatstabellen

1. April
Abendhimmel
(Sommerzeit)
21 Uhr Karte 3
23 Uhr Karte 4
 1 Uhr Karte 5
 3 Uhr Karte 6
 5 Uhr Karte 7
Morgenhimmel

(Normalzeit)
20 Uhr Karte 3
22 Uhr Karte 4
24 Uhr Karte 5
 2 Uhr Karte 6
 4 Uhr Karte 7

1. Mai
Abendhimmel
(Sommerzeit)
21 Uhr Karte 4
23 Uhr Karte 5
 1 Uhr Karte 6
 3 Uhr Karte 7
 5 Uhr Karte 8
Morgenhimmel

(Normalzeit)
20 Uhr Karte 4
22 Uhr Karte 5
24 Uhr Karte 6
 2 Uhr Karte 7
 4 Uhr Karte 8

15. April
Abendhimmel
(Sommerzeit)
22 Uhr Karte 4
24 Uhr Karte 5
 2 Uhr Karte 6
 4 Uhr Karte 7
Morgenhimmel

(Normalzeit)
21 Uhr Karte 4
23 Uhr Karte 5
 1 Uhr Karte 6
 3 Uhr Karte 7

15. Mai
Abendhimmel
(Sommerzeit)
22 Uhr Karte 5
24 Uhr Karte 6
 2 Uhr Karte 7
 4 Uhr Karte 8
Morgenhimmel

(Normalzeit)
21 Uhr Karte 5
23 Uhr Karte 6
 1 Uhr Karte 7
 3 Uhr Karte 8

Monatstabellen

1. Juni
Abendhimmel
(Sommerzeit)
23 Uhr Karte 6
 1 Uhr Karte 7
 3 Uhr Karte 8
Morgenhimmel

(Normalzeit)
22 Uhr Karte 6
24 Uhr Karte 7
 2 Uhr Karte 8

1. Juli
Abendhimmel
(Sommerzeit)
23 Uhr Karte 7
 1 Uhr Karte 8
 3 Uhr Karte 9
Morgenhimmel

(Normalzeit)
22 Uhr Karte 7
24 Uhr Karte 8
 2 Uhr Karte 9

15. Juni
Abendhimmel
(Sommerzeit)
24 Uhr Karte 7
 2 Uhr Karte 8
 4 Uhr Karte 9
Morgenhimmel

(Normalzeit)
23 Uhr Karte 7
 1 Uhr Karte 8
 3 Uhr Karte 9

15. Juli
Abendhimmel
(Sommerzeit)
22 Uhr Karte 7
24 Uhr Karte 8
 2 Uhr Karte 9
 4 Uhr Karte 10
Morgenhimmel

(Normalzeit)
21 Uhr Karte 7
23 Uhr Karte 8
 1 Uhr Karte 9
 3 Uhr Karte 10

Monatstabellen

1. August
Abendhimmel
(Sommerzeit)
21 Uhr Karte 7
23 Uhr Karte 8
 1 Uhr Karte 9
 3 Uhr Karte 10
 5 Uhr Karte 11
Morgenhimmel

(Normalzeit)
20 Uhr Karte 7
22 Uhr Karte 8
24 Uhr Karte 9
 2 Uhr Karte 10
 4 Uhr Karte 11

1. September
Abendhimmel
(Sommerzeit)
21 Uhr Karte 8
23 Uhr Karte 9
 1 Uhr Karte 10
 3 Uhr Karte 11
 5 Uhr Karte 12
Morgenhimmel

(Normalzeit)
20 Uhr Karte 8
22 Uhr Karte 9
24 Uhr Karte 10
 2 Uhr Karte 11
 4 Uhr Karte 12

15. August
Abendhimmel
(Sommerzeit)
22 Uhr Karte 8
24 Uhr Karte 9
 2 Uhr Karte 10
 4 Uhr Karte 11
Morgenhimmel

(Normalzeit)
21 Uhr Karte 8
23 Uhr Karte 9
 1 Uhr Karte 10
 3 Uhr Karte 11

15. September
Abendhimmel
(Sommerzeit)
20 Uhr Karte 8
22 Uhr Karte 9
24 Uhr Karte 10
 2 Uhr Karte 11
 4 Uhr Karte 12
 6 Uhr Karte 1
Morgenhimmel

(Normalzeit)
19 Uhr Karte 8
21 Uhr Karte 9
23 Uhr Karte 10
 1 Uhr Karte 11
 3 Uhr Karte 12
 5 Uhr Karte 1

Monatstabellen

1. Oktober
Abendhimmel
(Sommerzeit)
19 Uhr Karte 8
21 UIhr Karte 9
23 Uhr Karte 10
 1 Uhr Karte 11
 3 Uhr Karte 12
 5 Uhr Karte 1
Morgenhimmel

(Normalzeit)
18 Uhr Karte 8
20 Uhr Karte 9
22 Uhr Karte 10
24 Uhr Karte 11
 2 Uhr Karte 12
 4 Uhr Karte 1

1. November
Abendhimmel
18 Uhr Karte 9
20 Uhr Karte 10
22 Uhr Karte 11
24 Uhr Karte 12
 2 Uhr Karte 1
 4 Uhr Karte 2
 6 Uhr Karte 3
Morgenhimmel

15. Oktober
Abendhimmel
(Sommerzeit)
20 Uhr Karte 9
22 Uhr Karte 10
24 Uhr Karte 11
 2 Uhr Karte 12
 4 Uhr Karte 1
 6 Uhr Karte 2
Morgenhimmel

(Normalzeit)
19 Uhr Karte 9
21 Uhr Karte 10
23 Uhr Karte 11
 1 Uhr Karte 12
 3 Uhr Karte 1
 5 Uhr Karte 2

15. November
Abendhimmel
17 Uhr Karte 9
19 Uhr Karte 10
21 Uhr Karte 11
23 Uhr Karte 12
 1 Uhr Karte 1
 3 Uhr Karte 2
 5 Uhr Karte 3
Morgenhimmel

Monatstabellen

1. Dezember
Abendhimmel
18 Uhr Karte 10
20 Uhr Karte 11
22 Uhr Karte 12
24 Uhr Karte 1
 2 Uhr Karte 2
 4 Uhr Karte 3
 6 Uhr Karte 4
Morgenhimmel

15. Dezember
Abendhimmel
17 Uhr Karte 10
19 Uhr Karte 11
21 Uhr Karte 12
23 Uhr Karte 1
 1 Uhr Karte 2
 3 Uhr Karte 3
 5 Uhr Karte 4
 7 Uhr Karte 5
Morgenhimmel

ANHANG

Anhang

Sternbildmythen und Naturwissenschaft
Quellen über Verstirnungen
Quellen und Schrifttum
Glossar mythologischer Gestalten
Register der Sternbilder
Register mythologischer Gestalten

STERNBILDMYTHEN UND NATURWISSENSCHAFT

Ein besonderes Kennzeichen unserer Zivilisation ist es, daß wir an alle Probleme mit naturwissenschaftlich-rationaler Sorgfalt herangehen. Aussagen der Naturwissenschaft stehen im Ruf, unumstößlich richtig und gültig zu sein. Moderne Technik ruht auf dem Fundament der Naturwissenschaft und leiht sich von dort her das Image der Zuverlässigkeit. Naturwissenschaft und Technik befruchten sich gegenseitig, und für das Wachstum sorgt das Kapital, welches sich bei dieser Gelegenheit scheinbar von selbst vermehrt. Diese Zivilisation überzieht mittlerweile die ganze Erde. Das heutige Wirklichkeits-Verständnis ordnet dem naturwissenschaftlich Erkannten den höchsten Vorrang zu. Jenes, was wir Materie in Raum und Zeit nennen, ist das eigentlich Gegebene. Alles andere entwickelt sich hieraus. Von diesem Standpunkt aus gesehen, haben die Sternbildmythen nichts mit der Wirklichkeit zu tun, und die Sternbilder erst recht nicht.

Und doch meint das vorliegende Buch, daß solche Sternbilder und solche Mythen für den frühen Menschen eine bedeutende Wirklichkeit dargestellt haben und daß eine solche Auffassung auch aus heutiger Sicht legitim war und völlig zu Recht bestand. Dem gegenwärtig weit verbreiteten Wirklichkeits-Verständnis erscheint das absurd.

Analysiert man jedoch die empirisch-wissenschaftliche Methode[1], dann wandelt sich die Vorstellung, was es bedeutet, im naturwissenschaftlichen Sinn zu wissen, und man findet zu einem Ergebnis, welches sich von dem heute in der Gesellschaft üblichen Wissenschafts- und Wirklichkeitsverständnis unterscheidet. Die naturwissenschaftliche Realität zeigt sich nämlich nie unmittelbar, sondern man muß immer "auf besondere Weise" an sie herangehen. Die naturwissenschaftliche Realität entwickelt sich sozusagen stets unter dem "Vorurteil" eines bestimmten, methoden-relativen Zugriffes, und - was das Bemerkenswerte ist - die naturwissenschaftliche Realität wird bei dieser Gelegenheit selbst relativ!

In einem erst unlängst erschienenen Buch[2] wird die Struktur der naturwissenschaftlichen Wirklichkeit im Hinblick auf die erwähnte Relativität analysiert. Ihre Regeln und Methoden, ihre Fortschrittsasymptote, ihre Bezogen- und Bedingtheit werden dort beleuchtet. Diese Überlegungen fordern eine einschneidende Uminterpretation, deren Notwendigkeit man der natur-

---

[1] GERHARD FASCHING: Die empirisch-wissenschaftliche Sicht. 432 Seiten mit 87 Abbildungen. Springer-Verlag, Wien New York, 1989.
[2] GERHARD FASCHING: Das Kaleidoskop der Wirklichkeiten. Über die Relativität naturwissenschaftlicher Erkenntnis. 248 Seiten mit 38 Abbildungen. Springer-Verlag, Wien New York, 1999.

wissenschaftlichen Wirklichkeit eigentlich nicht angesehen hätte: Man muß die vermeintliche Absolutheit von Wirklichkeiten loslassen und Wirklichkeiten als etwas auf spezielle Art "Gewordenes" auffassen. Es zeigt sich, daß man ein und dasselbe Kernphänomen oft in unterschiedliche naturwissenschaftliche Wirklichkeiten kleiden kann. Und hierfür ist auch die Astronomie ein gutes Beispiel.

Die astronomischen Phänomene sehen wir heute in perfekter Form im sogenannten *kopernikanischen Paradigma* eingeordnet. Ein Gewebe von Erklärungen deutet die beobachtbaren Phänomene und ermöglicht, nahezu exakt zutreffende Voraussagen zu machen, sodaß man das kopernikanische Paradigma als sichere Wirklichkeit empfindet.

Doch auch das *ptolemäische Paradigma* hat man in analoger Weise als sichere Wirklichkeit aufgefaßt. Es ist gar nicht schwer[3], sich vor Augen zu führen, wie es dazu kommt, daß eine derartige Wirklichkeit schrittweise entsteht und wieso man an einer solchen "konstruierten" Wirklichkeit schließlich festhält. Das ptolemäische Weltbild der Astronomie ist in Jahrtausenden geworden und hatte eine ausgeprägte erklärende Kraft und war auch in erstaunlicher Weise in der Lage, vielfältige Voraussagen zu machen, die einer Überprüfung standhielten. Kein Wunder also, daß dieses Weltbild durch lange Zeit - Jahrtausende waren es! - beibehalten wurde.

Aber auch das ptolemäische Paradigma ruhte auf einem Fundament. In dieser *präparadigmatischen Phase* standen mythologische Ideen im Vordergrund, die mit dem bildhaften Denken des "magischen Menschen" verbunden waren, der in der Sternmuster-Dynamik handelnde Gestalten erblickt hat. Die Mythen und die Sternbilder-Dynamik gehören zusammen und haben den Menschen - in dieser Wechselwirkung - eine Botschaft vermittelt, die sein Leben beeinflußt hat. Der optische Eindruck war dabei mit den Erzählungen verbunden und hat jenes Wirklichkeitsfundament dargestellt, aus dem das ptolemäische Weltbild hervorgekommen ist.

Die Entstehung des ptolemäischen Paradigmas aus der präparadigmatischen Phase muß man sich als eine gewaltige wissenschaftliche Revolution vorstellen. Hier bricht man radikal mit der mythologischen Vergangenheit und schafft eine völlig neue Sichtweise, eine völlig neue Wirklichkeit. Das ptolemäische Paradigma kann man nur dann richtig würdigen, wenn man es vor dem Hintergrund dieses mythisch-bildhaften Denkens sieht.

Wir hoffen, daß es uns gelungen ist, dieses Denken, diese präparadigmatische Wirklichkeit im Buchtext lebendig und durch eigene Himmels-Beobachtungen nachvollziehbar darzustellen.

---

[3] Im genannten Buch über "Das Kaleidoskop der Wirklichkeiten" wird dieser Gedanke ausführlich ausgebreitet.

QUELLEN ÜBER VERSTIRNUNGEN

Die hier angeführten Quellen geben jene Textstellen an, wo explizit von Verstirnungen gesprochen wird. Insbesondere helfen die Werke von Karl Kerényi, Robert von Ranke-Graves und Wolfgang Schadewaldt (in der dtv-Ausgabe von 1970) durch ihren ausführlichen bibliographischen Anhang, zu den ursprünglichen antiken Schriftquellen vorzustoßen.

Adler und Pfeil
RANKE-GRAVES R. v. [Mythologie: Kap. 133, n]: *Der allmächtige Zeus setzte den Pfeil ans Firmament als das Sternbild Sagitta; und bis zum heutigen Tag betrachten die Einwohner des Kaukasus den Geier als einen Feind der Menschheit.*
SCHADEWALDT W. [Sternsagen: Seite 111]: *Den Adler und den Pfeil, mit dem Herakles das Tier traf, versetzte Zeus dann als Sternbilder an den Himmel.*

Delphin
HYGINUS [Sagen: 194 (Arion)]: *Apollon aber versetzte Arion wegen seines Saitenspiels mit dem Delphin unter die Sterne.*
OVID [Fasten: 2. Buch 117-118]: *Es erhebt den Delphin zum Himmel Jupiter, neun Sterne noch gibt er ihm bei.*
RANKE-GRAVES R. v. [Mythologie: Kap. 87, b]: *Apollon setzte später das Bild des Arion und seiner Leier unter die Sterne.*
SCHADEWALDT W. [Sternsagen: Seite 80]: *Die Götter aber versetzten das Tier zum Dank dafür, daß es der Musik und dem hohen Sänger Ehrfurcht und Liebe bewiesen hatte, an den Himmel. Und so steht der Delphin nun dort als Sternbild.*

Drache
GRANT M., HAZEL J. [Mythen: Herakles (Die Äpfel der Hesperiden)]: *Hera versetzte Ladon als Sternbild Drache an den Himmel.*
RANKE-GRAVES R. v. [Mythologie: Kap. 133, f]: *Hera, die um Ladon weinte, setzte sein Bild unter die Sterne als das Bild der Schlange.*
SCHADEWALDT W. [Sternsagen: Seite 110]: *Es war der Drache, den wir noch heute am Himmel zwischen dem Großen und dem Kleinen Bären sich weithin ringeln sehen.*

Fische und Steinbock
OVID [Fasten: 2. Buch 471-472]: *Da boten den Rücken die beiden Fische; du siehst, deshalb kennt man als Sterne sie jetzt.*

Fuhrmann
GRANT M., HAZEL J. [Mythen: Myrtilos]: *Das Sternbild Fuhrmann wird mit Myrtilos identifiziert, den Hermes an den Himmel versetzte.*
GRANT M., HAZEL J. [Mythen: Phaethon]: *..., außerdem glaubte man, daß das Sternbild Fuhrmann (Auriga) an Phaethon erinnere.*
HYGINUS [Sagen: 224 (Sterbliche, die unsterblich wurden)]: *Myrtilos, Sohn des Hermes und der Theobule, im Fuhrmann.*
RANKE-GRAVES R. v. [Mythologie: Kap. 109, l]: *Hermes setzte das Bild des Myrtilos unter die Sterne als das Sternbild des Wagenlenkers.*
SCHADEWALDT W. [Sternsagen: Seite 179]: *Und erkennen wir nun diesen Myrtilos noch heute in dem Wagenlenker an unserm Himmel, so geschieht dies noch heute diesem Myrtilos, sei es zur Ehre, sei es zum warnenden Gedächtnis an jenen Verrat, den er doch nur aus Liebe und sich selbst zum Unheil an seinem Herrn begangen hat.*

Großer Bär, Bärenhüter und Jagdhunde
APOLLODOROS [Sagenwelt: III 101]: *Die Kallisto versetzte er (Zeus) unter die Gestirne mit dem Namen Arktos.*

GRANT M., HAZEL J. [Mythen: Arkas]: *Jedenfalls verwandelte Zeus sie (Kallisto) in das Sternbild des Großen Bären und ihn (Arkas) in den Kleinen Bären.*

GRANT M., HAZEL J. [Mythen: Kallisto]: *Entweder Zeus oder Hera oder Artemis verwandelten Kallisto daraufhin in einen Bären. Nach Ovid jedoch fiel Zeus Arkas in den Arm und verwandelte Mutter und Sohn in Sterne, und zwar in den Großen und in den Kleinen Bären.*

HYGINUS [Sagen: 177 (Kallisto)]: *Später versetzte sie (Kallisto) Zeus unter die Zahl der Sterne des sogenannten Großen Bären, des Sternbildes, das sich nicht von der Stelle bewegt und nicht untergeht.*

HYGINUS [Sagen: 224 (Sterbliche, die unsterblich wurden)]: *Arkas, Sohn des Zeus und der Kallisto, versetzt unter die Gestirne. Kallisto, Tochter des Lykaon, versetzt in den Großen Bären.*

KERENYI K. [Götter: Seite 117]: *Doch gelangte Kallisto schließlich als Großer Bär an den Himmel, nachdem sie Zeus einen Sohn geboren hatte, der zum Stammvater der Bewohner von Arkadien werden sollte.*

OVID [Fasten: 2. Buch 187-190]: *Arglos hätte der Sohn mit dem scharfen Speer sie durchstoßen, wären zum Himmelsraum nicht weggeführt worden die zwei. Sie erstrahlen zusammen: Vorne der Stern, den wir Arktos nennen, und hinter ihm Arktophylax, der ihm folgt.*

OVID [Metamorphosen, Fi: Seite 49]: *Er läßt sie (Kallisto und Arkas) durch den leeren Raum von einem raschen Windstoß entführen, versetzt sie an den Himmel und macht sie zu benachbarten Sternbildern.*

OVID [Metamorphosen, Rö: 2. Buch 505-507]: *Doch der Allmächtige hinderts, er hebt sie (Kallisto und Arkas) selbst und die Untat auf, entrafft sie mit raschem Wind durch die Leere des Raumes, setzt an den Himmel und läßt zu Nachbargestirnen sie werden.*

RANKE-GRAVES R. v. [Mythologie: Kap. 22, h]: *Kallisto wäre zu Tode gehetzt worden, hätte Zeus selbst sie nicht in den Himmel geholt; später setzte er ihr Abbild zwischen die Sterne.*

SCHADEWALDT W. [Sternsagen: Seite 28]: *... da aber entrückt die beiden (Kallisto und Arkas) Zeus und setzt sie nachbarlich als Sterne an den schönsten Platz des Himmels, nahe dem Himmelspol.*

Großer Wagen und Bootes

GRANT M., HAZEL J. [Mythen: Demeter]: *Demeter verwandelte ihn (Philomelos) dafür in das Sternbild Bootes, der Pflüger.*

GRANT M., HAZEL J. [Mythen: Iasion]: *Ein späterer Autor, Hyginus, erzählt, daß Demeter und Iasion einen weiteren Sohn hatten, Philomelos, der den Wagen erfand und daher in dem gleichnamigen Sternbild verewigt wurde.*

SCHADEWALDT W. [Sternsagen: Seite 28]: *Und also lenkt er (Philomelos) nun in der Gestalt des Bootes sein Gefährt über den Himmel.*

Herkules

GRANT M., HAZEL J. [Mythen: Herakles]: *Zeus verwandelte ihn (Herakles) in ein Sternbild.*

SCHADEWALDT W. [Sternsagen: Seite 82]: *An unserem Himmel erkennen wir den Herakles in dem weitflächigen Sternbild, das sich zwischen Leier, Drachenkopf, Krone und Schlangenträger erstreckt, ...*

Kassiopeia, Cepheus, Andromeda, Perseus und Walfisch

GRANT M., HAZEL J. [Mythen: Andromeda]: *Dann versetzte Athene Andromeda sowie ihren Gatten, ihre Eltern und die Schlange als Sternbilder an den Himmel; Kassiopeia aber mußte ihrer Sünde wegen auf dem Rücken liegen, die Füße nach oben.*

GRANT M., HAZEL J. [Mythen: Perseus]: *Athene versetzte Perseus und Andromeda sowie das Seeungeheuer, und auch Kepheus und Kassiopeia als Sternbilder an den Himmel.*

KERENYI K. [Heroen: Seite 50]: *Alle vier aber, die in dieser aithiopischen Geschichte zusammengehören: Kassiopeia und Kepheus, Andromeda und Perseus, kamen schließlich als Sternbilder an den Himmel.*

RANKE-GRAVES R. v. [Mythologie: Kap. 73, n]: *Poseidon setzte das Bild des Kepheus und der Kassiopeia unter die Sterne - das der Kassiopeia*

Quellen über Verstirnungen

zeigt sie zur Strafe für ihren Verrat in einem Marktkorb gefesselt, der zu manchen Jahreszeiten mit der Öffnung nach unten schaut, so daß sie lächerlich aussieht. Athene setzte später Andromedas Abbild in eine würdigere Konstellation, da sie trotz des Verrates ihrer Eltern darauf bestanden hatte, Perseus zu heiraten.

SCHADEWALDT W. [Sternsagen: Seite 48]: *Soviel über die Geschichte von Perseus und Andromeda, wie wir sie noch heute in den Sternbildern an unserm Himmel festgehalten sehen, ...*

Kleiner Hund und Großer Wagen, Jungfrau und Bootes

GRANT M., HAZEL J. [Mythen: Dionysos]: *Diese (Erigone) und ihr Hund wurden in den Sternbildern Jungfrau und Prokyon verewigt.*

GRANT M., HAZEL J. [Mythen: Ikarios]: *Dionysos machte auch Ikarios, Erigone und Maira als Bootes, Jungfrau und Sirius (Canicula) zu Sternen.*

HYGINUS [Sagen: 130 (Ikarios und Erigone)]: *Beide wurden nach dem Willen der Götter unter die Gestirne versetzt; Erigone als Sternbild der Jungfrau, die wir Iustitia nennen, Ikarios bekam unter den Sternbildern den Namen Arkturus, der Hund Maira hieß von nun an Canicula (Hundsstern).*

HYGINUS [Sagen: 224 (Sterbliche, die unsterblich wurden)]: *Ikarios und Erigone, die Tochter des Ikarios, versetzt in die Sterne, Ikarios ins Sternbild des Arkturus, Erigone in das der Jungfrau.*

RANKE-GRAVES R. v. [Mythologie: Kap. 79, b]: *Das Bild des Hundes Maira wurde in den Himmel gesetzt als der kleine Sirius. Daher identifizieren manche Ikarios mit Bootes und Erigone mit dem Sternbild der Jungfrau.*

SCHADEWALDT W. [Sternsagen: Seite 30]: *Und Dionysos oder vielleicht der Göttervater selber setzte nun alle drei als Sterne an den Himmel, den Ikarios als Bootes, Erigone als Jungfrau und den treuen Hund als Prokyon (Hauptstern im Kleinen Hund). Der mit Weinschläuchen gefüllte Wagen aber wurde so zum Himmelswagen.*

Krebs

GRANT M., HAZEL J. [Mythen: Herakles (Die Lernäische Hydra)]: *Herakles zerschmetterte die Krabbe mit einem Fußtritt, woraufhin Hera das Tier zur Belohnung als Sternbild Krebs an den Himmel setzte.*

KERENYI K. [Heroen: Seite 119]: *Der Riesenkrebs kam an den Himmel als Zeichen im Tierkreis neben den Löwen. Dorthin erhob ihn Hera.*

RANKE-GRAVES R. v. [Mythologie: Kap. 124, g]: *Als Lohn für den Dienst der Krabbe setzte Hera ihr Bild unter die zwölf Zeichen des Tierkreises.*

SCHADEWALDT W. [Sternsagen: Seite 94]: *Der Krebs indessen kam, um der Ehre willen, welche die Götterkönigin ihm zollen wollte, als Sternbild an den Himmel.*

Leier

GRANT M., HAZEL J. [Mythen: Orpheus]: *Seine Leier wurde als Sternbild an den Himmel versetzt.*

KERENYI K. [Heroen: Seite 225]: *Seine Leier, die nach Apollon und Orpheus keinen würdigen Besitzer finden konnte, wurde von Zeus als Lyra unter die Sternbilder gesetzt.*

RANKE-GRAVES R. v. [Mythologie: Kap. 28, g]: *Auf Fürsprache Apollons und der Musen setzte Zeus die Leier unter die Sternbilder.*

SCHADEWALDT W. [Sternsagen: Hermes (Seite 76)]: *Zur Erinnerung an die Geschichte, wie auch zum Lobpreis der Musik, steht nun die Leier am Himmel, ...*

SCHADEWALDT W. [Sternsagen: Orpheus (Seite 78)]: *Wie aber Eratosthenes, der sternkundige Gelehrte, wissen will, begruben sie die Leier nicht mit ihm (Orpheus), sondern baten Zeus, daß er sie nach dem Tod des Orpheus als Sternbild an den Himmel setze. Und so geschah es.*

Löwe

GRANT M., HAZEL J. [Mythen: Herakles (Der Nemeische Löwe)]: *Zeus aber verewigte das Tier als Sternbild Löwe am Himmel.*

KERENYI K. [Heroen: Seite 118]: *Zeus aber versetzte das Untier, um seinen Sohn zu ehren, als Denkmal an den Himmel: es wurde zum Löwen im Tierkreis.*

SCHADEWALDT W. [Sternsagen: Seite 91]: *An diesen Kampf mit dem Löwen von Nemea erinnert uns bis zum heutigen Tag das Sternbild des Löwen an unserem Himmel, das als ein besonders königliches Zeichen im Tierkreis unter dem Großen Bären leuchtet.*

Nördliche Krone
GRANT M., HAZEL J. [Mythen: Ariadne]: *Nach ihrem Tod versetzte Dionysos ihren Brautkranz ans Firmament als Sternbild Corona Borealis.*
KERENYI K. [Götter: Seite 213]: *Es wurde später noch erzählt, Dionysos habe zum Gedächtnis der Gattin und Gefährtin den berühmten goldenen Kranz, die Krone der Ariadne, an den Himmel versetzt.*
KERENYI K. [Heroen: Seite 186]: *Auch dann kam der Kranz der Ariadne schließlich, vom Gott (Dionysos), unter die Sternbilder gesetzt, auf dem Himmel zu leuchten.*
OVID [Fasten: 3. Buch 515-516]: *Er (Dionysos) hält Wort und verwandelt die neun Juwelen in Sterne. Jetzt noch erstrahlen die neun Sterne als goldener Kranz.*
OVID [Metamorphosen, Fi: Seite 188]: *Der Verlassenen, hemmungslos Klagenden schenkte Bacchus seine Liebe und seinen Schutz, und um sie ewig durch ein Gestirn zu verherrlichen, nahm er von ihrer Stirn die Krone und ließ sie zum Himmel aufsteigen. Sie schwebt durch die leichten Lüfte empor, und während sie schwebt, verwandeln sich die Edelsteine in funkelnde Sterne, behalten jedoch die Gestalt einer Krone und finden ihren Platz zwischen dem Knieenden Mann und dem Schlangenträger.*
OVID [Metamorphosen, Rö: 8. Buch 177-182]: *Er nahm, daß sie ewig strahle als helles Gestirn, vom Haupt ihr die Krone und warf sie hoch zum Himmel empor. Sie flog durch die flüchtige Luft, es wurden, während sie flog, ihre Steine zu glänzenden Lichtern, blieben zuletzt, die Gestalt einer Krone bewahrend, inmitten zwischen dem knieenden Mann und dem Schlangenträger haften.*
RANKE-GRAVES R. v. [Mythologie: Kap. 98, o]: *Die Krone, die Dionysos später als Corona Borealis unter die Sterne setzte, hatte Hephaistos in der Form von Rosen aus feurigem Gold und roten indischen Edelsteinen geformt.*
SCHADEWALDT W. [Sternsagen: Seite 156]: *Da aber tritt der Gott Dionysos zu ihr und nimmt ihr die Krone, die sie als das Liebeszeichen des Theseus noch auf ihrem Haupte trug, vom Kopf und wirft sie wie ein Siegeszeichen zum Himmel hinauf, wo sie nun als Sternbild glänzt.*

Nördliche Wasserschlange, Rabe und Becher
OVID [Fasten, 2. Buch 265-266]: *Sprachs (Apollon), und als bleibendes Zeugnis für längst vergangnes Geschehen strahlen vereint als Gestirn Schlange und Vogel und Krug.*

Orion und Hase
GRANT M., HAZEL J. [Mythen: Artemis]: *Orion und seine Hunde, der Skorpion und Kallisto erhielten als Sternbilder einen Platz am Himmel.*
GRANT M., HAZEL J. [Mythen: Orion]: *Aus Schmerz über den Unglücksfall versetzte sie (Artemis) ihren Geliebten (Orion) zu den Sternen.*
HYGINUS [Sagen: 195 (Orion)]: *Nachher wurde er von Zeus unter die Sterne versetzt und dieses Sternbild nennt man Orion.*
KERENYI K. [Götter: Seite 161]: *Die Erde aber brachte gegen ihn den Skorpion hervor, der den Jäger (Orion) stach und als Sternbild mit ihm an den Himmel kam. Oder: Artemis traf den Kopf, den sie nicht erkannt hatte, und erhob nachher den Geliebten (Orion) zu den Sternen.*
OVID [Fasten: 5. Buch 543-544]: *Hinauf zu den glänzenden Sternen hob ihn (Skorpion) Latona (Leto = Mutter von Apollon und Artemis) und sprach: Nimm dies als Lohn für die Tat!*
RANKE-GRAVES R. v. [Mythologie: Kap. 41, d]: *Da setzte Artemis Orions Bild unter die Sterne, ewig verfolgt vom Skorpion.*
SCHADEWALDT W. [Sternsagen: Seite 32-33]: *Und er starb nach anderen, Späteren wieder, an dem Stich eines Skorpions auf Kreta und gelangte dann mit dem Skorpion zusammen als Sternbild an den Himmel.*

Quellen über Verstirnungen

Pegasus und Perseus

OVID [Fasten: III 457-458]: *Jetzt wohnts (Pegasos) am Himmel, zu dem mit den Flügeln es vorher gestrebt hat, hell leuchtend: Fünf plus zehn Sterne sinds, die man erblickt.*

SCHADEWALDT W. [Sternsagen: Seite 48]: *Er (Bellerophon) stürzte auf seinem Fluge ab, und das Roß Pegasos kehrte wieder zu den uralten goldenen Krippen des Zeus im Olymp zurück und wurde, weil es ein so wundersames Tier war, am Ende als göttliches Roß ... bis auf den heutigen Tag als das Wunderroß, das es einmal war, an den Himmel versetzt.*

Perseus

GRANT M., HAZEL J. [Mythen: Perseus]: *Athene versetzte Perseus und Andromeda sowie das Seeungeheuer, und auch Kepheus und Kassiopeia als Sternbilder an den Himmel.*

HYGINUS [Sagen: 224 (Sterbliche, die unsterblich wurden)]: *Perseus, Sohn des Zeus und der Danae, aufgenommen unter die Gestirne.*

KERENYI K. [Heroen: Seite 50]: *Alle vier aber, die in dieser aithiopischen Geschichte zusammengehören: Kassiopeia, Kepheus, Andromeda und Perseus kamen schließlich als Sternbilder an den Himmel.*

SCHADEWALDT W. [Sternsagen: Seite 48]: *Soviel über die Geschichte von Perseus und Andromeda, wie wir sie noch heute in den Sternbildern an unserm Himmel festgehalten sehen, ...*

Schlange und Schlangenträger

GRANT M., HAZEL J. [Mythen: Asklepios]: *Asklepios wurde durch Apollon zum Sternbild des Schlangenträgers (Ophiuchos) am Himmel.*

RANKE-GRAVES R. v. [Mythologie: Kap. 50, g]: *Das Bild des Asklepios, wie er eine heilende Schlange hält, wurde von Zeus unter die Sterne gesetzt.*

Schütze

GRANT M., HAZEL J. [Mythen: Chiron]: *Er (Chiron) verlor seine Unsterblichkeit aber nicht ganz; denn Zeus setzte ihn als Sternbild Centaurus an den Himmel.*

OVID [Fasten: V 413-414]: *Dann kam der neunte Tag, gerechtester Chiron; da hatten vierzehn Sterne sich dir rings um den Körper gelegt.*

RANKE-GRAVES R. v. [Mythologie: Kap. 126, g]: *Nach neun Tagen setzte Zeus das Bild des Cheiron unter die Sterne als das des Kentauren.*

Schwan

GRANT M., HAZEL J. [Mythen: Kastor und Polydeukes]: *Laut spätgriechischen Autoren kamen die Zwillinge durch Zeus als Sternbild an den Himmel.*

KERENYI K. [Heroen: Seite 94]: *Man erzählte und glaubte auch, am Himmel seien sie als leuchtende Sterne heimisch, und erkannte sie im Sternbild der Zwillinge.*

RANKE-GRAVES R. v. [Mythologie: Kap. 62, b]: *Zur Erinnerung an sein Gaunerstückchen setzte Zeus die Sternbilder des Schwanes und des Adlers an den Himmel.*

RANKE-GRAVES R. v. [Mythologie: Kap. 74, j]: *Als zusätzlichen Lohn für ihre Bruderliebe setzte er (Zeus) ihr Bild unter die Sterne als das Sternbild der Zwillinge.*

SCHADEWALDT W. [Sternsagen: Seite 53]: *... daß schließlich diese lakedämonischen Dioskuren in den Zwillingen des Himmels wiedererkannt wurden, wie wir das auch noch bis zum heutigen Tage tun.*

SCHADEWALDT W. [Sternsagen: Seite 58]: *Den Schwan aber, in welchen Zeus sich verwandelt hatte, ... versetzten die späteren Griechen zusammen mit den Zwillingen Kastor und Polydeukes an den Himmel.*

Skorpion

GRANT M., HAZEL J. [Mythen: Artemis]: *Orion und seine Hunde, der Skorpion und Kallisto erhielten als Sternbilder einen Platz am Himmel.*

GRANT M., HAZEL J. [Mythen: Orion]: *Aus Schmerz über den Unglücksfall versetzte sie (Artemis) ihren Geliebten zu den Sternen. - Eine andere Erklärung für das Sternbild Orion lautete, daß der Riese die Atlastöchter, die Pleiaden, in Böotien erblickte und ihnen liebestoll nachstellte. Sie flohen mit ihrer*

Quellen über Verstirnungen

Mutter Pleione, und alle wurden in Sterne verwandelt; deshalb scheint Orion am Himmel die Pleiaden zu jagen.

GRANT M., HAZEL J. [Mythen: Pleiaden]: *Die Pleiaden waren über den Tod ihrer Schwestern, der Hyaden, so verzweifelt, daß sie sich alle das Leben nahmen und von Zeus als eine Gruppe von sieben Sternen an den Himmel versetzt wurden. Oder man sagte, Zeus habe sie verstirnt, um sie und ihre Mutter Pleione vor Orion zu retten, der sie sieben Jahre lang verfolgt hatte. Auch er wurde zum Sternbild, das für immer den Pleiaden nachzujagen scheint.*

HYGINUS [Sagen: 195 (Orion)]: *Nachher wurde er von Zeus unter die Sterne versetzt und dieses Sternbild nennt man Orion.*

KERENYI K. [Götter, Seite 161]: *Die Erde aber brachte gegen ihn den Skorpion hervor, der den Jäger (Orion) stach und als Sternbild mit ihm an den Himmel kam.*

OVID [Fasten, 5. Buch 543-544]: *Hinauf zu den glänzenden Sternen hob ihn (Skorpion) Latona (Leto = Mutter von Apollon und Artemis) und sprach: Nimm dies als Lohn für die Tat.*

RANKE-GRAVES R. v. [Mythologie: Kap. 41, d]: *Da setzte Artemis Orions Bild unter die Sterne, ewig verfolgt vom Skorpion.*

SCHADEWALDT W. [Sternsagen: Seite 32]: *Und er (Orion) starb nach anderen, Späteren wieder, an dem Stich eines Skorpions auf Kreta und gelangte dann mit dem Skorpion zusammen als Sternbild an den Himmel.*

Steinbock

GRANT M., HAZEL J. [Mythen: Aigipan]: *Um Typhon zu entkommen, verwandelte sich Aigipan in ein Wesen, das halb Ziege, halb Fisch war; in dieser Gestalt machte Zeus aus ihm das Sternbild des Steinbocks.*

HYGINUS [Sagen: 196 (Pan)]: *Nach dem Willen der Götter wurde Pan, da sie auf seinen Rat hin der Gewalt des Typhon entgangen waren, unter die Sterne versetzt; da er sich in dieser Zeit in eine Ziege verwandelt hatte, so wurde er Steinbock genannt, und wir nennen ihn Capricornus.*

Stier

GRANT M., HAZEL J. [Mythen: Europa]: *Europa gab ihren Namen einem Kontinent; der Stier ist als Sternbild am Himmel verewigt.*

OVID [Fasten: 5. Buch 617-620]: *Himmelwärts steigt der Stier. Sidonierin, du empfängst von Jupiter, und nach dir heißt nun ein Drittel der Welt! Andere sagen, das Sternbild sei die pharische Kuh, die aus einem Menschen zum Rind wurde, zur Göttin danach.*

SCHADEWALDT W. [Sternsagen: Seite 101]: *Man erkannte bei den Griechen in jenem Stier am Himmel zwar auch das weiße, zahme, mächtige Tier, in dessen Gestalt sich Zeus der schönen phoinikischen Königstochter Europa genähert hatte, ...*

SCHADEWALDT W. [Sternsagen: Seite 102]: *Doch erzählt man auch, Zeus habe sich nicht selbst in den Stier verwandelt, sondern eben unseren kretischen Stier geschickt, der das Mädchen sicher nach Kreta hinüberbrachte, und dieser Reisestier Europas sei dann als Sternbild an den Himmel gekommen.*

Wassermann und Adler

GRANT M., HAZEL J. [Mythen: Ganymedes]: *Zeus wurde der Liebhaber des Ganymedes und erhob ihn als Sternbild Wassermann an den Himmel, mit dem Adler (Sternbild Aquila) an seiner Seite.*

RANKE-GRAVES R. v. [Mythologie: Kap. 29, c]: *Zeus setzte das Bild des Ganymedes als das Sternbild des Aquarius, des Wasserträgers, unter die Sterne.*

Widder

OVID [Fasten, 3. Buch 875]: *Als man das Ufer erreicht, da wird aus dem Widder ein Sternbild.*

SCHADEWALDT W. [Sternsagen: Seite 124]: *Der Widder aber, der, so erzählen andere, vor seiner Opferung selbst aus seinem Fell geschlüpft sei, wurde zum Dank für das, was er getan hatte, als Sternbild des Widders an den Himmel versetzt.*

Zentaur

RANKE-GRAVES R. v. [Mythologie: Kap. 126, g]: *Nach neun Tagen*

Quellen über Verstirnungen

setzte Zeus das Bild des Cheiron unter die Sterne als das des Kentauren. Doch andere glauben, daß es der Kentaur Pholos war, der von Zeus auf die Weise geehrt wurde, weil er alle Männer in der Kunst, aus Eingeweiden zu prophezeien, überragte.

Zwillinge

GRANT M., HAZEL J. [Mythen: Kastor und Polydeukes]: *Laut spätgriechischen Autoren kamen die Zwillinge durch Zeus als Sternbild an den Himmel.*

KERENYI K. [Heroen: Seite 94]: *Man erzählte und glaubte auch, am Himmel seien sie als leuchtende Sterne heimisch, und erkannte sie im Sternbild der Zwillinge.*

OVID [Fasten, 5. Buch, 720]: *Jetzt bringt beider Gestirn Rettung in Seenot dem Schiff.*

RANKE-GRAVES R. v. [Mythologie: Kap. 74, j]: *Als zusätzlichen Lohn für ihre Bruderliebe setzte er (Zeus) ihr Bild unter die Sterne als das Sternbild der Zwillinge.*

SCHADEWALDT W. [Sternsagen: Seite 49]: *Denn ein hohes Bild nicht nur der engen Blutsverwandtschaft, sondern vor allem einer einzigartigen Bruderliebe stellte dieses Sternbild den Griechen dar.*

SCHADEWALDT W. [Sternsagen: Seite 53]: *....daß schließlich diese lakedämonischen Dioskuren in den Zwillingen des Himmels wiedererkannt wurden, wie wir das auch noch bis zum heutigen Tage tun.*

QUELLEN UND SCHRIFTTUM

Quellen

Die angeführten Quellen wollen dem Leser helfen, von den Erzählungen über die Sternbilder, die hier in diesem Buch ausgebreitet wurden, zu jenen Texten zu finden, die die Mythologie in einem umfassenderen Sinn darstellen. Insbesondere helfen die Werke von Kerenyi, Ranke-Graves und Schadewaldt (in der dtv-Ausgabe von 1970) durch ihren ausführlichen bibliographischen Anhang, auch zu den weiteren, ursprünglichen antiken Schriftquellen vorzustoßen.

Adler und Pfeil
APOLLODOROS [Sagenwelt: I 45-46; II 119]
GRANT M., HAZEL J. [Mythen: Epimetheus; Herakles (Die goldenen Äpfel der Hesperiden); Pandora; Prometheus; Zeus]
HYGINUS [Sagen: 31 (Die anderen Taten des Herakles); 142 (Pandora); 144 (Prometheus)]
KERENYI K. [Götter: Seite 164-165, 168-174]
KERENYI K. [Heroen: Seite 140, 209]
RANKE-GRAVES R. v. [Mythologie: Kap. 39 pass.; Kap.133 l]
SCHADEWALDT W. [Sternsagen: Seite 110-111]

Delphin
GRANT M., HAZEL J. [Mythen: Arion]
HYGINUS [Sagen: 194 (Arion)]
OVID [Fasten: 2. Buch 79-118, 3. Februar]
RANKE-GRAVES R. v. [Mythologie: Kap. 87 pass.]
SCHADEWALDT W. [Sternsagen: Seite 79-80]

Drache
APOLLODOROS [Sagenwelt: II 113-115; II 120-121]
GRANT M., HAZEL J. [Mythen: Hera; Herakles (Die goldenen Äpfel der Hesperiden); Ladon]
HYGINUS [Sagen: 30 (Die zwölf von Eurystheus befohlenen Kämpfe des Herakles); 151 (Die Nachkommen des Typhon und der Echidna)]
KERENYI K. [Götter: Seite 47-48]
KERENYI K. [Heroen: Seite 139-143]
OVID [Metamorphosen, Fi: Seite 217]
OVID [Metamorphosen, Rö: 9. Buch 188-190]
RANKE-GRAVES R. v. [Mythologie: Kap. 133 pass.]
SCHADEWALDT W. [Sternsagen: Seite 110-112]

Fische und Steinbock
ANTONIUS LIBERALIS [Verwandlungssagen: 28]
APOLLODOROS [Sagenwelt: I 39-44]
GRANT M., HAZEL J. [Mythen: Aigipan, Aphrodite; Eros; Gaia; Pan; Typhon; Zeus]
HYGINUS [Sagen: 152 (Typhon)]
KERENYI K. [Götter: Seite 27-29]
OVID [Fasten: 2. Buch 457-474, 15. Februar]
OVID [Metamorphosen, Fi: Seite 121-122]
OVID [Metamorphosen, Rö: 5. Buch 318-331, 346-358]
RANKE-GRAVES R. v. [Mythologie: Kap. 36 pass.]

Fuhrmann
APOLLODOROS [Sagenwelt: V 4-8]
GRANT M., HAZEL J. [Mythen: Hippodameia; Myrtilos; Pelops]
HYGINUS [Sagen: 84 (Oinomaos)]
KERENYI K. [Heroen: Seite 57-60]
RANKE-GRAVES R. v. [Mythologie: Kap. 109 pass.]
SCHADEWALDT W. [Sternsagen: Seite 173-180]

Großer Bär, Bärenhüter und Jagdhunde
APOLLODOROS [Sagenwelt: III 100-101]
GRANT M., HAZEL J. [Mythen: Arkas; Hera; Kallisto; Phaethon]
HYGINUS [Sagen: 152 a (Phaethon); 177 (Kallisto); 224 (Sterbliche, die unsterblich wurden)]
KERENYI K. [Götter: Seite 116-117]

Quellen und Schrifttum

OVID [Fasten: 2. Buch 153-192, 11. Februar]
OVID [Metamorphosen, Fi: Seite 31-43, 46-50]
OVID [Metamorphosen, Rö: 1. Buch 747-779; 2. Buch 1-332, 401-530]
RANKE-GRAVES R. v. [Mythologie: Kap. 22 passa.; Kap. 42, d]
SCHADEWALDT W. [Sternsagen: Seite 26-28]

Großer Hund
APOLLODOROS [Sagenwelt: II 122-126]
GRANT M., HAZEL J. [Mythen: Eurystheus; Herakles (Der Nemeische Löwe); Kerberos]
HYGINUS [Sagen: 30 (Die zwölf von Eurystheus befohlenen Kämpfe des Herakles); 151 (Die Nachkommen des Typhon und der Echidna)]
KERENYI K. [Heroen: Seite 143-147]
OVID [Metamorphosen, Fi: Seite 168-169]
OVID [Metamorphosen, Rö: 7. Buch 408-419]
RANKE-GRAVES R. v. [Mythologie: Kap. 34 pass.; Kap. 134 pass.]
SCHADEWALDT W. [Sternsagen: Seite 109]

Großer Wagen und Bootes
APOLLODOROS [Sagenwelt: III 138]
GRANT M., HAZEL J. [Mythen: Demeter; Harmonia; Iasion; Kadmos]
KERENYI K. [Götter: Seite 59, 91]
KERENYI K. [Heroen: Seite 33-34]
RANKE-GRAVES R. v. [Mythologie: Kap. 24, a; Kap. 59 pass.]
SCHADEWALDT W. [Sternsagen: Seite 28]

Herkules
APOLLODOROS [Sagenwelt: II 52-64]
GRANT M., HAZEL J. [Mythen: Alkmene; Amphitryon; Hera; Herakles; Zeus]
HYGINUS [Sagen: 29 (Alkmene)]
KERENYI K. [Heroen: Seite 107-113, 163]

OVID [Metamorphosen, Fi: Seite 219-221]
OVID [Metamorphosen, Rö: 9. Buch 285-323]
RANKE-GRAVES R. v. [Mythologie: Kap. 118 pass.; Kap. 119 pass.; Kap. 145 pass.]
SCHADEWALDT W. [Sternsagen: Seite 82-88, 117-118]

Jungfrau
APOLLODOROS [Sagenwelt: I 29,33]
GRANT M., HAZEL J. [Mythen: Demeter; Hades; Persephone; Zeus]
HYGINUS [Sagen: 146 (Persephone)]
KERENYI K. [Götter: Seite 183-190]
OVID [Fasten: 4. Buch 417-620, 12. April]
OVID [Metamorphosen, Fi: Seite 122-128]
OVID [Metamorphosen, Rö: 5. Buch 385-571]
RANKE-GRAVES R. v. [Mythologie: Kap. 24 pass.]

Kassiopeia, Cepheus, Andromeda, Perseus und Walfisch
APOLLODOROS [Sagenwelt: II 43-45]
GRANT M., HAZEL J. [Mythen: Andromeda; Athene; Kepheus; Perseus; Phineus]
HYGINUS [Sagen: 64 (Andromeda)]
KERENYI K. [Heroen: Seite 49-50]
OVID [Metamorphosen, Fi: Seite 106-109, 111-118]
OVID [Metamorphosen, Rö: 4. Buch 663-771; 5. Buch, 1-235]
RANKE-GRAVES R. v. [Mythologie: Kap. 73 pass.]
SCHADEWALDT W. [Sternsagen: 45-48]

Kleiner Hund und Großer Wagen, Jungfrau und Bootes
APOLLODOROS [Sagenwelt: III 191-192]
GRANT M., HAZEL J. [Mythen: Dionysos; Erigone, Ikarios]
HYGINUS [Sagen: 130 (Ikarios und Erigone); 224 (Sterbliche, die unsterblich wurden)]
KERENYI K. [Götter: Seite 210]

RANKE-GRAVES R. v. [Mythologie: Kap. 27 pass., Kap. 79 pass.]
SCHADEWALDT W. [Sternsagen: Seite 28-30]

Krebs
APOLLODOROS [Sagenwelt: II 77-80]
GRANT M., HAZEL J. [Mythen: Herakles (Die Lernäische Hydra); Iolaos]
HYGINUS [Sagen: 30 (Die zwölf von Eurystheus befohlenen Kämpfe des Herakles)]
KERENYI K. [Heroen: Seite 118-120]
RANKE-GRAVES R. v. [Mythologie: Kap. 124 pass.]
SCHADEWALDT W. [Sternsagen: Seite 92-95]

Leier
APOLLODOROS [Sagenwelt: I 14-15 (Orpheus); III 112-115 (Hermes)]
GRANT M., HAZEL J. [Mythen: Apollon; Eurydike; Hermes; Orpheus]
KERENYI K. [Götter: Seite 129-136]
KERENYI K. [Heroen: Seite 220-225]
OVID [Metamorphosen, Fi: Seite 236-238, 260-262]
OVID [Metamorphosen, Rö: 10. Buch 1-77; 11. Buch 1-66]
RANKE-GRAVES R. v. [Mythologie: Kap. 17 pass.; Kap. 28 pass.]
SCHADEWALDT W. [Sternsagen: Seite 64-78]

Löwe
APOLLODOROS [Sagenwelt: II 74-76]
GRANT M., HAZEL J. [Mythen: Herakles (Der Nemeische Löwe)]
HYGINUS [Sagen: 30 (Die zwölf von Eurystheus befohlenen Kämpfe des Herakles)]
KERENYI K. [Heroen: Seite 116-118]
OVID [Metamorphosen, Fi: Seite 217]
OVID [Metamorphosen, Rö: 9. Buch, 197]
RANKE-GRAVES R. v. [Mythologie: Kap. 34 pass.; Kap. 123 pass.]

Quellen und Schrifttum

SCHADEWALDT W. [Sternsagen: Seite 90-92]

Nördliche Krone
APOLLODOROS [Sagenwelt: IV 7-9]
GRANT M., HAZEL J. [Mythen: Ariadne; Dionysos; Minos; Poseidon; Theseus]
HYGINUS [Sagen: 41 (Minos); 42 (Theseus bei dem Minotauros); 43 (Ariadne)]
KERENYI K. [Götter: Seite 210-213]
KERENYI K. [Heroen: Seite 182-187]
OVID [Fasten: 3. Buch 459-516, 8. März.]
OVID [Metamorphosen, Fi: Seite 187-188]
OVID [Metamorphosen, Rö: 8. Buch 155-182]
RANKE-GRAVES R. v. [Mythologie: Kap. 98 pass.]
SCHADEWALDT W. [Sternsagen: Seite 141, 151-156]

Nördliche Wasserschlange, Rabe und Becher
OVID [Fasten: 2. Buch 243-266, 14. Februar]

Orion und Hase
APOLLODOROS [Sagenwelt: I 25-27]
GRANT M., HAZEL J. [Mythen: Artemis; Orion]
HYGINUS [Sagen: 195 (Orion)]
KERENYI K. [Götter: Seite 159-161]
OVID [Fasten: 5. Buch 493-544, 11. Mai]
RANKE-GRAVES R. v. [Mythologie: Kap. 41 pass.]
SCHADEWALDT W. [Sternsagen: Seite 30-33]

Pegasus und Perseus
APOLLODOROS [Sagenwelt: II 30-33, 36-42, 46-47]
GRANT M., HAZEL J. [Mythen: Bellerophon; Chimära; Chrysaor; Gorgonen; Pegasus; Perseus]
HYGINUS [Sagen: 57 (Stheneboia); 151 (Die Nachkommen des Typhon und der Echidna)]
KERENYI K. [Götter: Seite 44-45]
KERENYI K. [Heroen: Seite 46-51, 70-73]
OVID [Fasten: 3. Buch 449-458, 7. März]
OVID [Metamorphosen, Fi: Seite 109-110, 119]
OVID [Metamorphosen, Rö: 4. Buch 769-803; 5. Buch 256-272]
RANKE-GRAVES R. v. [Mythologie: Kap. 73 pass.; Kap. 75 pass.]
SCHADEWALDT W. [Sternsagen: Seite 39-45, 47-48]

Perseus
APOLLODOROS [Sagenwelt: II 34-35]
GRANT M., HAZEL J. [Mythen: Danae; Perseus; Zeus]
HYGINUS [Sagen: 63 (Danae); 224 (Sterbliche, die unsterblich wurden)]
KERENYI K. [Heroen: Seite 44-46, 50]
RANKE-GRAVES R. v. [Mythologie: Kap. 73 pass.]
SCHADEWALDT W. [Sternsagen: Seite 35-39]

Schlange und Schlangenträger
APOLLODOROS [Sagenwelt: III 118-120, 122]
GRANT M., HAZEL J. [Mythen: Apollon; Asklepios; Koronis]
HYGINUS [Sagen: 49 (Asklepios); 202 (Koronis); 224 (Sterbliche, die unsterblich wurden); 274 (Erfinder)]
KERENYI K. [Götter: Seite 114-115]
OVID [Metamorphosen, Fi: Seite 50, 52-53]
OVID [Metamorphosen, Rö: 2. Buch 531-547; 596-632]
RANKE-GRAVES R. v. [Mythologie: Kap. 21, i, n, 9; Kap. 50 pass.]

Schütze
APOLLODOROS [Sagenwelt: I 9; II 85, 119]
GRANT M., HAZEL J. [Mythen: Chiron; Kronos; Philyra]
HYGINUS [Sagen: 138 (Philyra in eine Linde verwandelt); 274 (Erfinder)]
KERENYI K. [Götter: Seite 128]
KERENYI K. [Heroen: Seite 199, 209]
OVID [Fasten: 5. Buch 379-414, 3. Mai]
OVID [Metamorphosen, Fi: Seite 54, 137]
OVID [Metamorphosen, Rö: 2. Buch 633-654; 6. Buch 126]
RANKE-GRAVES R. v. [Mythologie: Kap. 126, g; Kap. 151, g, 5]

Schwan
APOLLODOROS [Sagenwelt: III 125-126, 128]
GRANT M., HAZEL J. [Mythen: Kastor und Polydeukes; Leda; Zeus]
HYGINUS [Sagen: 77 (Leda); 79 (Helena); 80 (Kastor); 224 (Sterbliche, die unsterblich wurden)]
KERENYI K. [Götter: Seite 86-87]
KERENYI K. [Heroen: Seite 89-90, 92-93]
RANKE-GRAVES R. v. [Mythologie: Kap. 62 pass.; Kap. 74 pass.]
SCHADEWALDT W. [Sternsagen: Seite 52-59]

Skorpion
APOLLODOROS [Sagenwelt: I 25- 27]
GRANT M., HAZEL J. [Mythen: Artemis; Orion]
HYGINUS [Sagen: 195 (Orion)]
KERENYI K. [Götter: Seite 159-161]
OVID [Fasten: 5.Buch 493-544, 11. Mai]
RANKE-GRAVES R. v. [Mythologie: Kap. 41 pass.]
SCHADEWALDT W. [Sternsagen: Seite 30-33]

Steinbock
APOLLODOROS [Sagenwelt: I 39-42]
GRANT M., HAZEL J. [Mythen: Aigipan; Pan; Syrinx]
HYGINUS [Sagen: 196 (Pan)]
KERENYI K. [Götter: Seite 28-29, 138-140]

Quellen und Schrifttum

OVID [Metamorphosen, Fi: Seite 29]
OVID [Metamorphosen, Rö: 1. Buch 689-712]
RANKE-GRAVES R. v. [Mythologie: Kap. 26 pass.; Kap. 36, c]

Stier
APOLLODOROS [Sagenwelt: II 94; III 2, 3, 5]
GRANT M., HAZEL J. [Mythen: Europa; Zeus]
HYGINUS [Sagen: 178 (Europe)]
KERENYI K. [Götter: Seite 87-88]
OVID [Fasten: 5. Buch 603-620, 14. Mai]
OVID [Metamorphosen, Fi: Seite 60-61, 136]
OVID [Metamorphosen, Rö: 2. Buch 833-875; 6. Buch 103-107]
RANKE-GRAVES R. v. [Mythologie: Kap. 58 pass.; Kap. 88, a]
SCHADEWALDT W. [Sternsagen: Seite 101-102]

Wassermann und Adler
APOLLODOROS [Sagenwelt: III 140-141]
GRANT M., HAZEL J. [Mythen: Ganymedes; Hera; Zeus]

HYGINUS [Sagen: 224 (Sterbliche, die unsterblich wurden); 271 (Schöne Jünglinge)]
KERENYI K. [Götter: Seite 77]
OVID [Metamorphosen, Fi: Seite 240-241]
OVID [Metamorphosen, Rö: 10. Buch 155-161]
RANKE-GRAVES R. v. [Mythologie: Kap. 29 pass.]

Widder
APOLLODOROS [Sagenwelt: I 80-83]
GRANT M., HAZEL J. [Mythen: Athamas; Ino; Phrixos]
HYGINUS [Sagen: 1 (Themisto); 2 (Ino); 3 (Phrixos)]
KERENYI K. [Heroen: Seite 74-75]
OVID [Fasten: 3. Buch 851-876, 22. März]
RANKE-GRAVES R. v. [Mythologie: Kap. 70 pass.]
SCHADEWALDT W. [Sternsagen: Seite 123-124]

Zentaur
APOLLODOROS [Sagenwelt: IV 20-21]
GRANT M., HAZEL J. [Mythen: Hera; Ixion; Kentauren]

HYGINUS [Sagen: 33 (Die Kentauren); 62 (Ixion)]
KERENYI K. [Götter: Seite 126-128]
OVID [Metamorphosen, Fi: Seite 99, 292-298]
OVID [Metamorphosen, Rö: 4. Buch 461; 12. Buch 210-428]
RANKE-GRAVES R. v. [Mythologie: Kap. 63 pass.; Kap. 102 pass.; Kap. 126, g]

Zwillinge
APOLLODOROS [Sagenwelt: III 125-126, 134-137]
GRANT M., HAZEL J. [Mythen: Idas und Lynkeus; Kastor und Polydeukes; Leda]
HYGINUS [Sagen: 77 (Leda); 80 (Kastor); 224 (Sterbliche, die unsterblich wurden)]
KERENYI K. [Götter: Seite 86-87]
KERENYI K. [Heroen: Seite 89-94]
OVID [Fasten: 5. Buch, 693-720, 20. Mai]
RANKE-GRAVES R. v. [Mythologie: Kap. 74 pass.]
SCHADEWALDT W. [Sternsagen: Seite 49-50, 52-63]

Schrifttum

(Leicht zugängliche Texte, die die Mythologie in einem umfassenden Sinn darstellen.)

ANTONIUS LIBERALIS [Verwandlungssagen]: Sammlung von Verwandlungssagen. In Apollodoros, Parthenios, Antoninus Liberalis, Hyginus: Griechische Sagen. Bibliothek der Alten Welt. Sammlungen und Anthologien. Artemis Verlag, Zürich, 1963.

APOLLODOROS [Sagenwelt]: Die griechische Sagenwelt. Apollodors Mythologische Bibliothek. Sammlung Dieterich, Bd. 354. Carl Schünemann Verlag, Bremen, 1988.

HYGINUS [Sagen]: In Apollodoros, Parthenios, Antoninus Liberalis, Hyginus: Griechische Sagen. Bibliothek der Alten Welt. Sammlungen und Anthologien. Artemis Verlag, Zürich, 1963.

GRANT M., HAZEL J. [Mythen]: Lexikon der antiken Mythen und Gestalten. Deutscher Taschenbuch Verlag, München, 14. Auflage, 1999.

KERENYI K. [Götter]: Die Mythologie der Griechen. (1. Bd.): Die Götter- und Menschheitsgeschichten. Deutscher Taschenbuch Verlag, München, 16. Auflage, 1994.

KERENYI K. [Heroen]: Die Mythologie der Griechen. (2. Bd.): Die Heroen-Geschichten. Deutscher Taschenbuch Verlag, München, 14. Auflage, 1994.

OVID [Fasten]: Fasti / Festkalender. Herausgegeben von Niklas Holzberg. Sammlung Tusculum, Artemis Verlag, Zürich, 1995.

OVID [Metamorphosen, Fi]: Metamorphosen. Das Buch der Mythen und Verwandlungen. In Prosa neu übersetzt von Gerhard Fink. Artemis Verlag, Zürich und München, 4. Auflage, 1994.

OVID [Metamorphosen, Rö]: Metamorphosen. Übersetzt von Erich Rösch. Sammlung Tusculum. Artemis Verlag, Zürich, 14. Auflage, 1996.

RANKE-GRAVES R. v. [Mythologie]: Griechische Mythologie. Quellen und Deutung. rowohlts enzyklopädie. Rowohlt Taschenbuch Verlag, Reinbeck bei Hamburg, 1990.

SCHADEWALDT W. [Sternsagen]: Sternsagen. Insel Verlag, Frankfurt am Main, 1976.

GLOSSAR MYTHOLOGISCHER GESTALTEN

Achilles war ein Held, der in der Ilias als Heerführer der griechischen Helden vorkommt. Seine Mutter, die unsterbliche Meeresnymphe Thetis, eine Tochter des Nereus, hat den neugeborenen Achilles kopfüber in das dahinströmende Wasser des Styx getaucht, um ihn unverwundbar zu machen. An der Ferse eines Fußes hielt sie ihn, damit ihn das Wasser überall benetzen konnte. Doch dort, wo sie mit der Hand zugriff, blieb er trocken und damit dennoch verletzbar. Die "Achillesferse" war seine einzige verwundbare Stelle. Im Kampf um Troja ist er gefallen, Paris hat ihn getötet.

Aigipan. Damals als der furchtbare Typhon den Himmel stürmte, flohen die Götter und auch Zeus war in großer Gefahr. Aigipan war es, der mit Hermes Zeus errettete. Manche Quellen sagen, daß Aigipan ein Sohn des Zeus und der Nymphe Aix (Ziege) ist. Andere Quellen vertreten dagegen die Auffassung, daß mit Aigipan hier der bocksfüßige Pan selbst gemeint ist.

Akrisios war ein König von Argos und war Vater der Danae. Ein Orakel hat ihm kundgetan, daß sein Enkelsohn ihn einmal töten werde. Daraufhin sperrte Akrisios seine Tochter Danae ein, damit sich kein Mann ihr nähern konnte. Doch Zeus kam in Gestalt eines goldenen Regens zu ihr, benetzte sie und sie empfing ihren Sohn Perseus. Und dieser Perseus hat tatsächlich Akrisios später versehentlich mit einem Diskus getroffen und getötet. Der Orakelspruch war also in Erfüllung gegangen.

Alkmene war die Mutter des Herakles. Sie hatte sich dem Amphitryon versprochen. Zeus sah damals schon den Kampf der Götter mit den Giganten voraus und hat in seiner weisen Umsicht beschlossen, einen Helden zu zeugen, dessen Tapferkeit und Mut nicht zu überbieten sind. Seine Wahl fiel dabei auf die kluge und schöne Alkmene. Zeus kam in Gestalt des Amphitryon zu ihr und nach zehn Monden kam Herakles zur Welt.

Amphitrite war eine Tochter des Nereus und die Gemahlin des Poseidon. Poseidon sah sie einst auf Naxos tanzen und verliebte sich unsterblich in sie. Im Kult sieht man sie in einem Muschelwagen über das Meer fahren. Es wird vermutet, daß man in der Amphitrite eine vorgriechische Meeresgöttin sehen kann.

Amphitryon war ein Enkel des Perseus. Bevor er sich mit seiner Braut, der Alkmene, ehelich vermählte, mußte er einem Versprechen zufolge eine alte Familienfehde rächen. In seiner Abwesenheit näherte sich Zeus der Alkmene auf eine recht hinterhältige Weise.

Andromeda war die Tochter des Kepheus und der Kassiopeia. Andromeda mußte einem Meeresungeheuer vorgeworfen werden, weil ihre Mutter den Zorn des Meeresgottes Poseidon auf sich gezogen hatte. Perseus hat Andromeda zuletzt befreit.

Aphrodite war die griechische Göttin der Liebe, der Schönheit und der Fruchtbarkeit. Es gibt zwei Versionen über ihre Herkunft: Die eine sagt, daß sie eine Tochter des Zeus und der Erdgöttin Dione war. Die andere geht auf jene Begebenheit zurück, als Kronos seinen Vater Uranos entmannte. Er hatte die Geschlechtsteile seines Vaters ins Meer geschleudert, und es bildete sich ein Schaum, aus dem Aphrodite entstieg und ans Ufer schritt. Da erblühten Blumen, Blütenduft lag in der Luft und der Gott Eros begleitete sie. Aphrodite nennt man daher oft "die Schaumgeborene", "die aus dem Meer Aufsteigende" oder "die Emporgetauchte". Aphrodite war zwar die Gattin des Hephaistos, sie hat ihn aber mehrfach mit dem Kriegsgott, dem Ares, betrogen und Kinder mit ihm gezeugt.

Apollon und seine Zwillingsschwester Artemis hatten Zeus und die Titanin Leto als Eltern. Apollon gilt als Beschützer der Viehzucht und Förderer des Ackerbaus. Er ist ein Heilgott, aber auch ein Sühnegott, der mit seinen Pfeilen Krankheit bringen kann; er ist ein Gott der Weissagung, aber auch der Kunst und vor allem der Musik. Er ist einer der höchsten Götter der Griechen. Er gilt auch als ein Gott der Sonne, des Strahlenden (Phoibos).

Arethusa war ursprünglich eine Waldnymphe, die einst ahnungslos im Alpheios, einem Fluß in Elis, badete. Der Flußgott Alpheios verliebte sich in sie. Er nahm die Gestalt eines Jägers an und eilte ihr nach, doch sie floh bis nach Sizilien, wo die jungfräuliche Göttin Artemis sie zu retten meinte, indem sie sie in eine Quelle verwandelte. Doch die Wasser des Alpheios flossen unter dem Meer bis dorthin und vermengten sich mit ihr. Oft wird Arethusa daher die Nymphe mit dem tropfenden Haar genannt.

Ariadne dürfte ursprünglich eine Vegetationsgöttin gewesen sein. Im Mythos faßt man sie als die Tochter des Kreterkönigs Minos und der Pasiphae auf.

Arion war ein berühmter Dichter und Sänger, der auf der Insel Lesbos lebte, war ein Freund und Günstling von Periander (625 - 585 v. Chr.), des Tyrannen von Korinth. Bis nach Italien und Sizilien führten ihn seine Reisen. Überall wurde seine Kunst gefeiert.

Aristaios war ein alter griechischer Bauerngott. Man hat in ihm einen Beschützer der Herden und den Erfinder der Bienenzucht gesehen. Er war ein Sohn des Apollon und der Kyrene, einer Stadtgöttin im antiken Libyen.

Glossar mythologischer Gestalten

Arkas war der Sohn von Zeus und Kallisto, die von der eifersüchtigen Hera in eine Bärin verwandelt wurde. Arkas ist als Bärenhüter am Sternenhimmel zu sehen.

Artemis war eine der großen olympischen Gottheiten, Tochter des Zeus und der Titanin Leto. Sie war Herrin der wilden Tiere, Göttin der Jagd, aber auch Beschützerin aller schwachen Wesen. Auf bildlichen Darstellungen wird sie oft von Hirschen und Vögeln begleitet. Ewige Jungfräulichkeit erschien ihr als anstrebenswertes Ziel. So wie ihr Zwillingsbruder Apollon konnten ihre Pfeile, die sie auch auf Menschen richtete, einen sanften Tod oder aber auch jähes Verderben bringen. Auch als Lichtträgerin hat man sie gesehen, wie ein Tempel im Hafen von Athen bezeugt.

Asklepios war ein griechischer Heilgott, ein Sohn des Apollon und der Koronis. Er wurde als bärtiger Mann dargestellt, der einen Stab in der Hand trug, den eine Schlange umwindet. Dieses Zeichen ist seither Symbol der Ärzte.

Asterios war ein kretischer König, der Europa heiratete, als sie nach Kreta kam. Ihre drei Zeus-Söhne (Minos, Rhadamanthys und Sarpedon) adoptierte er.

Ate, eine Tochter des Zeus und der Eris, der Zwietracht, war eine Göttin des Unheils und der Verblendung. Ihre Opfer schlug sie mit Torheit, machte sie für vernünftige Erwägungen unzugänglich und auch blind für edle und würdige Entscheidungen. Bei Herakles' Geburt zum Beispiel hat sie ihren unseligen Einfluß geltend gemacht.

Athamas war der Sohn des König Aiolas. Athamas hatte die Wolkenfrau Nephele geheiratet und hatte zwei Kinder mit ihr: Phrixos und Helle. Ino war des Athamas' zweite Frau. Man erinnert sich an die Geschichte, als Phrixos und Helle durch einen geheimnisvollen Widder, der sprechen konnte und der ein goldenes Fell hatte, aus einer Todesgefahr gerettet wurde. Dieses Goldene Vlies hat auch in der Argonautensage eine Rolle gespielt.

Athene war eine Tochter des Zeus; ein Mythos berichtet, daß sie dem Haupt ihres Vaters entsprungen sei. Athene war die Göttin des Krieges, der Weisheit und der Künste. Sie wurde oft mit Helm und Rüstung, mit Speer und Schild dargestellt. Sie blieb immer Jungfrau und ist nie eine Liebesbeziehung eingegangen, ohne deshalb eine Männerhasserin wie die Artemis zu sein. Sie trug in ihrer Funktion als Schutzgöttin auch den Beinamen Pallas; die Bedeutung dieses Beinamens ist nicht eindeutig zu klären. Ein anderer Beiname war "glaukopis", das heißt eulenäugig; hier spielt die in der Dunkelheit alles sehende Eule (als Symbol der Weisheit) herein. Athene schenkte der attischen Landschaft den Ölbaum, aber auch Pflug, Webstuhl und Flöte gehen auf sie zurück. Der Parthenon-Tempel in Athen war ihr größtes Heiligtum.

Atlas war ein Titan, also aus dem Göttergeschlecht, das von Uranos (Himmel) und Gaia

(Erde) abstammt. Man war der Meinung, daß Atlas den Himmel trägt oder zumindest die Himmelssäulen streng bewacht. Später hat man Atlas als Träger der Weltachse aufgefaßt, um die sich die Himmelskugel mit all ihren Sternen dreht. Durch den Anblick des Medusenhauptes wurde Atlas zuletzt jedoch zu Stein (Atlasgebirge).

Bellerophon war ein Sohn Poseidons, andere wieder sagen, es sei ein Sohn des Königs Glaukos von Korinth gewesen. Jedenfalls zählte er zu den großen Helden. Schon als Kind träumte er davon, das Flügelroß Pegasos einzufangen und zu zähmen, was ihm danach auch mit Hilfe der Göttin Athene gelang. Bellerophon und Pegasos bestanden unglaubliche Taten, aber als er einst den Himmel stürmen wollte, stürzte er ab und war für immer gelähmt.

Boreas war der Gott des rauhen Nordwindes. Sein Vater ist Astraios, der Sternenhelle und seine Mutter ist die Morgenröte, die Eos, gewesen. Die Mythologie erzählt, daß sich Boreas in die Prinzessin Oreithyia verliebte, aber von ihr zurückgewiesen wurde. Aber einmal tanzte sie selbstvergessen in den Auen eines attischen Gewässers, manche sagen, daß es der Fluß Ilissos gewesen sein soll. Da hüllte Boreas das Mädchen in eine Wolke ein und entführte sie in seine Heimat nach Thrakien. In Athen wurde Boreas kultisch verehrt, seitdem die persische Kriegsflotte durch einen starken Sturm dezimiert wurde.

Charon war der Bootsmann der griechischen Mythen, der die Toten in die Unterwelt über den Fluß Styx rudert. Er war ein finsterer, übellauniger alter Mann, der von den Verblichenen einen Obolus für die Überfuhr forderte. Charon war der Sohn des Erebos, des "Dunklen", und der Nyx, der "Nacht".

Chimaira war ein feuerspeiendes Ungetüm, ein Wesen mit einem Löwenkopf, einem Ziegenkörper und dem Schwanz einer Schlange. Die Eltern dieses Wesens waren die Echidna und Typhon, beide gräßliche Mischwesen. Die Chimaira wurde später von Bellerophon mit Hilfe des geflügelten Rosses Pegasos überwunden und durch Pfeile getötet.

Chiron war ein Kentaur, ein Lebewesen mit menschlichem Oberkörper und Pferdeleib. Er war der Sohn der Philyra aus Thessalien und des Kronos. Nicht eindeutig sind die Berichte: Manche sagen, daß Kronos die Philyra in Gestalt eines Hengstes geschwängert hat. Und so war das Kind, der Chiron, ein Mischwesen. Chiron war später ein gebildetes Wesen, arzneikundig, weise und Erzieher vieler Helden und Göttersöhne.

Chrysaor stammte aus der Verbindung des Poseidon mit der Medusa. Sein Bruder war das Flügelroß, der Pegasos. Beide sind der Medusa entsprungen, als Perseus sie enthauptete. Chrysaor soll schon bei der Geburt ein goldenes Schwert getragen haben. Er heiratete eine Okeanide (Kallirhoe), die ihm als Tochter die Echidna zur Welt brachte. Diese Echidna war ein Wesen, das zur Hälfte eine Frau war und zur anderen Hälfte eine Drachengestalt hatte.

Danae war die Tochter des Akrisios, des Königs von Argos, dem ein Orakel kundtat, daß er durch den Sohn der Danae einst sterben werde. Danae wurde in einen bronzenen Turm gesperrt, damit kein Mann sich ihr in Liebe nähern und ihr beiliegen konnte. Akrisios hat natürlich nicht ahnen können, daß Zeus dieses Mädchen auserkoren hat, von ihm den Perseus zu empfangen. Als goldener Regen drang er durch den Turm und Danae war schwanger mit dem "aus fließendem Gold Entstandenen". Ihr Vater wollte sie töten, doch sie überlebte wie durch ein Wunder. Der Orakelspruch wurde später wahr, als Perseus den Akrisios versehentlich mit einem Diskus traf.

Demeter war eine Erd- und Fruchtbarkeitsgöttin. Als Tochter des Kronos und der Rhea war sie auch Schwester von Zeus. Ihre Tochter, die Persephone, wurde von Hades, dem Gott der Unterwelt, geraubt. Seither ist Persephone zumindest einen Teil des Jahres als Herrscherin der Unterwelt bei Hades, den anderen Teil des Jahres verbringt sie auf der Erde, um mit ihrer Mutter als Vegetationsgöttin zu wirken.

Diktys war ein Fischer, der Bruder des Polydektes, der König auf der Insel Seriphos war, wo Danae mit ihrem Sohn Perseus gestrandet ist.

Dionysos, der griechische Gott des Weines, der Fruchtbarkeit, des Rausches und der Ekstase. Nach den Mythen war Dionysos ein Sohn von Zeus und der Semele. Man erzählt, daß Semele starb, als sie ihren Liebhaber Zeus in seiner vollen Göttlichkeit - als Blitzstrahl! - sehen wollte. Zeus warnte sie zwar, aber sie ließ nicht locker und so mußte es geschehen, daß sie von seinem strahlenden Glanz verzehrt wurde. Dionysos hat den Weinstock geschaffen und hat auch das Keltern des Weines bekannt gemacht. Ein lärmender, ekstatischer und orgiastischer Kult verehrte ihn. Seine Anhänger, meist waren es Frauen, gaben sich wilden Tänzen auf Hügeln und in Wäldern hin, trugen Fackeln und rebenumwundene Stäbe, die an der Spitze einen Pinienzapfen zeigten.

Echidna war ein dämonisches Ungeheuer, welches von Chrysaor, dem Krieger mit dem goldenen Schwert abstammte. Zur Hälfte war die Echidna eine schöne Frau, zur anderen Hälfte eine gefleckte, gräßliche Schlange. Mit Typhon, dem Ungeheuer, zeugte sie eine schreckliche Brut: den Kerberos, die Lernäische Schlange, die Chimaira und den zweiköpfigen Orthros. Auch der Nemeische Löwe, mit dem Herakles kämpfte, zählte zu ihrer Nachkommenschaft.

Eileithyia war die Göttin der Geburt. Ihr Name bedeutet soviel wie "die zu Hilfe Kommende". Ihr Kult war auf Kreta und in Lakonien verbreitet. Immer wieder hat Hera versucht, durch Eileithyia das Gebären bei Frauen zu verhindern, die ihr unliebsam oder verhaßt waren. Auch die Geburt von Herakles hat sie auf diese Weise um Tage verzögert.

Eos war bei den Griechen die Göttin der Morgenröte. Sie war eine Tochter des Hyperion und der Theia, beide waren Titanen. Der Bruder von Eos war Helios, er war der Sonnengott, ihre Schwester war Selene, die Göttin des Mondes. Ihrem ersten Gatten, dem Astraios, "dem Sternenhellen", schenkte sie mehrere Kinder: die Winde, die Sterne und den Morgenstern. Jeden Morgen fuhr sie auf einem zweispännigen Pferdewagen vor ihrem Bruder her, er lenkte den Sonnenwagen und sie zauberte in ihrer Anmut die Morgenröte an den Himmel. Man hat ihr auch schöne Namen gegeben, "die Rosenfingrige" war sie und auch "die Safrangewandete". Aphrodite, die griechische Göttin der Liebe, fand einst den Ares im Bett der Eos. Ares, der Kriegsgott, war zwar nicht mit Aphrodite verheiratet, er hatte aber häufig Liebschaften mit ihr. Eifersüchtig strafte sie Eos mit andauernder Verliebtheit in junge Männer. Meist gingen diese Affären unglücklich aus. Zu den Verehrern der Eos gehörte übrigens auch Orion.

Epimetheus war ein Sohn des Iapetos und Bruder des Prometheus. Während der Name des Prometheus soviel wie "vorbedacht" bedeutet, meint Epimetheus "nachbedacht". Obwohl sein weitaus klügerer Bruder ihn warnte, von mißgünstigen Göttern Geschenke anzunehmen, ist er dennoch dem Charme der Pandora verfallen, die ihm von Hermes zugeführt wurde. Man weiß von dem Unheil, das seither über die Menschheit gekommen ist.

Erinnyen waren weibliche Rachegeister, die in der Unterwelt beheimatet waren. Man hat sie als alte Weiber gesehen, schlangenhaarig, fledermausflügelig, Peitschen und Fackeln tragend. Sie verkörperten den Vergeltungsgedanken, hörten auf die Klagen der Sterblichen und verfolgten unbarmherzig die Schuldigen. Man hat kaum gewagt, ihren Namen auszusprechen, und doch weiß man von dreien wie sie heißen: Alekto, Megaira und Tisiphone. Diese ihre Namen charakterisieren auch ihr Wesen: Alekto, "die nie Endende", Megaira, "die Neidische" und Tisiphone, "die Mordrächende". Wehe, wer ihnen in die Hände fiel.

Eros war der griechische Gott der geschlechtlichen Liebe. Er war ein Sohn der Aphrodite, der Göttin der Liebe und Schönheit, und des Ares, des Kriegsgottes. In der Dichtung wird er als schönster Gott besungen. Pfeil und Bogen sind seine Symbole und zweifach konnten seine Pfeile wirken: Vergoldete Pfeile entzündeten die Liebe im Herzen der Götter und Menschen; Pfeile, die in Blei getaucht waren, ließen den Getroffenen in Enttäuschung zurück.

Europa war die Tochter des phönikischen Königs Agenor und seiner Frau Telephassa. Zeus verliebte sich in dieses Mädchen und hat sie in Gestalt eines Stieres nach Kreta entführt. Europa hat dem Zeus drei Söhne geboren: Minos, Rhadamanthys und Sarpedon.

Eurydike, siehe Orpheus.

Eurystheus war ein schwächlicher König, der über Argolis samt Mykene und Tiryns herrschte. Nur durch die Mithilfe der Hera hat er die Königswürde erlangt, die eigentlich dem Herakles zustand. Und so kam es, daß Herakles dem Eurystheus wie ein Knecht dienen mußte.

Gaia war die Erde, die Göttin der Erde. Sie war ein Wesen, welches aus dem Chaos entstanden ist. Aus sich selbst heraus hat Gaia den Uranos, den Himmel, hervorgebracht und hat sich mit ihm gepaart und die Titanen, die riesenhaften Wesen der Urzeit, gezeugt.

Ganymed war der Sohn des Tros, der Troja gegründet hat. Er war ein besonders schöner Jüngling und war Mundschenk der Götter am Olymp.

Giganten hat man die "Erdgeborenen" genannt, die aus dem Blut des entmannten Uranos entstanden sind. Die Giganten hatten eine menschliche Gestalt, aber ihre Beine waren Schlangenleiber. Als Zeus die Titanen, die gleichfalls Geschöpfe der Gaia waren, in den finsteren Teil der Unterwelt verbannte, wiegelte Gaia die Giganten auf, sich gegen die Götter zu erheben. In diesem Kampf waren die Taten des Herakles, der auf der Seite der Götter kämpfte, von besonderer Bedeutung.

Gorgonen waren die drei Töchter des Meeresgottes Phorkys und der Keto. Sie hießen Stheno (die Starke), Euryale (die Weitspringende) und Medusa (die Herrscherin). Sie wohnten am Weltstrom in Richtung Nacht. Zwei von ihnen waren unsterblich, die Medusa war sterblich und wurde von Perseus enthauptet. Die Schwestern der Gorgonen waren die Graien.

Graien waren Schwestern der Gorgonen und somit ebenfalls Töchter des Meeresgottes Phorkys und seiner monsterhaften Frau Keto. Der Mythos weiß, daß die Graien als alte, grauhaarige, vertrocknete Weiber, runzelig, zahnlos und blind zur Welt gekommen sind. Sie hatten nur einen einzigen Zahn und nur ein einziges Auge. Auge und Zahn mußten sie sich wechselseitig leihen, soferne Bedarf bestand.

Hades war ein Bruder von Zeus und herrschte über die Unterwelt. Sein Name bedeutet soviel wie "der Unsichtbare". In diesem Zusammenhang wird oft auch von der "Hadeskappe" gesprochen, die als Tarnkappe zu verstehen ist. Im Inneren der Erde hat man schon immer unermeßliche Schätze und wertvolles Geschmeide vermutet, weshalb Hades oft auch Pluto genannt wurde (plutos = Reichtum). Hades war mit der Persephone vermählt und sie teilten sich die Herrschaft über das Schattenreich.

Harmonia war die Tochter des Kriegsgottes Ares und der Aphrodite. Als Harmonia die Gemahlin des Kadmos werden sollte, kamen alle Götter zur Hochzeit.

Hebe. Eine bezaubernde Göttin muß diese Hebe, die Göttin der Jugend, der Jugendblüte, gewesen sein. Tochter des Zeus und der Hera war sie und auf dem Olymp Mundschenk der Götter.

Helena war eine Tochter des Zeus und der Leda. Man vermutet, daß sie in Griechenland ursprünglich eine Vegetationsgöttin oder eine Baumgöttin war; in Sparta war die Platane ein durch sie geheiligter Baum. In der Mythologie wird berichtet, daß Helena vom trojanischen Königssohn Paris geraubt wurde, was zum Trojanischen Krieg geführt hat.

Helios war der Sonnengott, ein Sohn von Hyperion und Theia, beide aus dem Geschlecht der Titanen. Er sah alles und hörte alles und wurde daher auch immer wieder als Zeuge angerufen, um einen Eid zu bekräftigen. Als Lichtgott konnte er Blinde heilen, aber er konnte auch Frevler mit Blindheit schlagen. Helios war der Lenker des Sonnenwagens, der von vier geflügelten Rossen gezogen wurde. Seine Schwester Eos, die Morgenröte, fuhr ihm am Himmel voran. Bei Nacht kehrte er nach Osten zurück.

Helle war die Tochter des Athamas und der Nephele. Als sie der von Nephele gesandte Widder aus einer Todesgefahr befreien sollte, trug er Helle und ihren Bruder Phrixos hoch über das weite Meer. Doch sie stürzte ab und starb! Das Meer trägt seither ihren Namen: Hellespont.

Hephaistos war ein Sohn der Hera. Er war der Schmied der Götter, Gott des Feuers und der Handwerker. Kostbare Waffen und Geräte hat er angefertigt: das Zepter des Zeus, den Sonnenwagen des Helios und vieles mehr. Kyklopen waren seine Gehilfen.

Hera war die Tochter des Kronos und der Rhea und war Schwester und Gattin des Zeus. Eifersüchtig überwachte sie die Treue ihres Gemahls und geriet in grenzenlosen Zorn, sofern sie von seinen Seitensprüngen erfuhr. Hera galt als Beschützerin der Ehe, als Göttin der Geburt und des Herdes. Ihr Attribut ist der Pfau mit ausgefächertem, radförmigen Schwanz. So fuhr sie auch einen Wagen, der von Pfauen gezogen wurde. Der Pfau, als Symbol für unbeugsamen Stolz, charakterisiert treffend das Wesen der Hera.

Herakles war der Sohn von Zeus und der sterblichen Alkmene. Im Dienst des Königs Eurystheus hatte er zwölf unerfüllbar scheinende Aufgaben zu erfüllen. Diese Arbeiten bezogen sich auf folgende mythologische Gestalten, Figuren und Begebenheiten: 1. der Nemeische Löwe, 2. die Lernaische Hydra, 3. die Keryneiische Hindin, 4. der Erymanthische Keiler, 5. die Ställe des Augeias, 6. die Stymphalischen Vögel, 7. der Kretische Stier, 8. die Mähren des Diomedes, 9. der Gürtel der Hippolyte, 10. das Vieh des Geryon, 11. die Äpfel der Hesperiden, 12. die Gefangennahme des Kerberos. Dieser Lebensweg führte den Helden zur Unsterblichkeit. Er wurde in den Olymp aufgenommen, wo ihm die Hebe, die griechische Göttin der Jugendblüte, angetraut wurde. Für die Griechen war Herakles stets ein Nationalheros, ein Nothelfer, der alles Übel abwehren konnte und der Halbgott, den die Jugend verehrte.

Hermes war der Sohn der Maia und des Zeus. Er war ein Götterbote, er hatte aber auch die Verstorbenen in den Hades zu geleiten, er war die Schutzgottheit der Reisenden, der Kaufleute und der Diebe. Man hat ihn immer als athletischen Jüngling mit geflügelter Kappe und geflügelten Sandalen abgebildet.

Hesperiden waren Nymphen, weibliche Naturgottheiten. Vier oder sieben Schwestern sollen es gewesen sein. Ihr Vater war Erebos, die Finsternis, ein Sohn des Chaos, der Urleere. Die Mutter der Hesperiden war die Nyx, die Nacht. Andere Berichte sagen, daß sie Töchter des Atlas und der Pleione seien. Der Mythos weiß jedenfalls, daß die Hesperiden in einem Garten weit im Westen lebten. Ihr Gesang wird immer wieder bewundernd hervorgehoben. Auf antiken griechischen Vasen sind sie vielfach abgebildet, wie sie dem Drachen, der um den Baum mit den goldenen Äpfeln gewunden ist, Wasser zum Trinken reichen.

Hilaeira und Phoibe waren Zwillingstöchter des Leukippos. Sie waren zwar mit Idas und Lynkeus, den Söhnen des Königs Aphareus von Messenien verlobt, doch Kastor und Polydeukes haben sie geraubt, um sie zu heiraten. Die Brüderpaare kamen in Streit, ein Kampf wurde unvermeidlich, bei dem nur Polydeukes, der Zeus-Sohn, überlebte.

Hippodameia war die Tochter des Königs Oinomaos von Pisa und seiner Gattin Sterope. Ein Orakel hat ihrem Vater geweissagt, daß ein Freier Hippodameias ihn umbringen werde. Bei einem Wagenrennen, das zwischen Oinomaos und ihrem Verehrer Pelops ausgetragen wurde, kam er durch einen Hinterhalt tatsächlich zu Tode.

Hymen galt als griechischer Gott der Hochzeit. Man sah ihn als geflügelten Jüngling, der einen Kranz am Haupt trug und die Hochzeitsfackeln schwenkte. Als schlechtes Vorzeichen galt es, wenn diese Fackeln nicht brennen wollten und qualmten. Manche sagen, Hymen sei ein Sohn des Dionysos und der Aphrodite, andere meinen, er stamme von Apollon und einer Muse.

Hypnos, ein Bruder des Thanatos (des Todes) und ein Sohn der Nyx (der Nacht), war der Gott des Schlafes. Er lebte in einer Höhle auf der Insel Lemnos, wo es stets dunkel und neblig war. Lethe, der Strom des Vergessens, floß durch die Höhle. Hypnos ruhte auf seinem bequemen Lager. Seine Söhne - Gottheiten des Traumes - waren stets in seiner Nähe.

Hyrieus war ein Mann, der nur wenig Land bebaute, kinderlos war und bloß eine kleine Hütte bewohnte und einst Zeus, Poseidon und Hermes bewirtete. Diese drei Götter verhalfen dem kinderlosen Hyrieus zu seinem Sohn Orion.

Iapetos war ein Titan, ein Sohn der Erdmutter Gaia und des Uranos, des Himmels. Klymene, eine der dreitausend Töchter des Okeanos und der Tethys, also eine Meeresnymphe, hat dem Iapetos die Titanen Prometheus (der "Vorausdenkende", der "Vorbedachte"), Epimetheus (der "Nachbedachte"), Atlas (der "Träger" oder "Dulder") und Menoitios geboren. Andere wieder sagen, daß die Frau des Iapetos die Themis gewesen sei.

Iasion galt (zumindest bei Homer) als Sterblicher, der mit Demeter im dreimal gepflügten Brachfeld lag und sich mit ihr in Liebe vereinigte. Zeus hat ihn im Zorn mit seinem Donnerkeil erschlagen.

Idas und Lynkeus waren Söhne des Königs Aphareus von Messenien. Sie waren mit Phoibe und Hilaeira, den Zwillingstöchtern des Leukippos verlobt. Doch Kastor und Polydeukes haben die beiden Bräute geraubt. Es kam zum Streit und zum Kampf, wobei Idas und Lynkeus getötet wurden.

Ikarios war ein attischer Bauer und war Vater der Erigone. Er bewirtete einst Dionysos und bekam zum Dank dafür eine Weinrebe. Von trunkenen Bauern wurde Ikarios später erschlagen.

Iphikles war ein Sohn des Amphitryon und der Alkmene und ein Zwillingsbruder des Herakles. Man erinnert sich an die Geschichte, als Alkmene in einer einzigen Nacht von Zeus und von Amphitryon geschwängert wurde. Iphikles war der sterbliche Sohn des Amphitryon, Herakles der Sohn des Zeus.

Ixion war ein thessalischer König, der einen Verwandtenmord beging. Erst ziemlich spät wollte Zeus dem Ixion das Reinigungsritual zugestehen und hat ihn hierzu auf den Olymp geladen. Dort versuchte Ixion die Gattin des Zeus, die göttliche Hera, zu verführen. Ixion wurde daraufhin zur Strafe auf ewig an ein feuriges Rad gebunden, welches sich immerwährend dreht.

Kadmos war der Sohn des Königs Agenor von Tyros und Gründer von Theben. Kadmos war ein Bruder der Europa, der vergeblich nach seiner Schwester gesucht hat, als sie von Zeus in Stiergestalt entführt wurde.

Kallisto war entweder eine Nymphe, oder eine Tochter des Königs Lykaon von Arkadien. Ihr Name bedeutet soviel wie "die Schönste". Als Begleiterin der Artemis, der Göttin der Jagd, mußte auch sie, wie alle Begleiterinnen dieser Göttin, ewige Jungfräulichkeit geloben. Zeus hat sie jedoch einst verführt, und die eifersüchtige Hera hat sie, so lautet zumindest eine Version der Erzählungen, in eine Bärin verwandelt. Es wurde aber auch die Vermutung geäußert, daß die Kallisto ursprünglich vielleicht eine südgriechische Bärengöttin war, die später von der Artemis verdrängt wurde.

Kassiopeia war die Gattin des Kepheus und die Mutter der Andromeda. Kepheus war König von Äthiopien.

Kastor und Polydeukes waren die Dioskuren, die "himmlischen Zwillinge", die Söhne der Leda. Homer hat sie als Sterbliche aufgefaßt, später hat man Polydeukes als Sohn von Zeus gesehen. Manchmal werden auch beide als Söhne des Zeus verstanden (Dioskuren). Ihre Schwestern waren Helena und Klytämnestra; Helenas Vater sei Zeus gewesen.

Kedalion war ein Sklave und Helfer in der Schmiedewerkstatt des Hephaistos. Er half dem blinden Orion auf seiner Reise in den Osten.

Kentauren waren bergwaldbewohnende Wesen, die einen menschlichen Oberkörper und einen Pferdeleib hatten. Ihr Urvater war Ixion, der, einst bei Zeus geladen, die Hera, die Gattin des Zeus, verführen wollte. Doch Zeus täuschte ihn, und er umarmte bloß ein Wolkengebilde (Nephele) und zeugte ein Wesen halb Mensch und halb Pferd. Wild und weibertoll war dieser Urkentaur und bestieg alle Stuten am Pelionberg in Thessalien und zeugte das Geschlecht der Kentauren.

Kepheus war König von Äthiopien und war mit der Kassiopeia verheiratet. Seine Tochter war die Andromeda.

Kerberos war der dreiköpfige Wachhund der Unterwelt. Er hatte einen Schlangenschwanz und am Rücken eine Reihe von Schlangenköpfen. Er wurde von Typhon und Echidna gezeugt. Er bewachte im Hades den Strom der Unterwelt.

Klymene war eine Okeanide, eine der dreitausend Töchter des Okeanos und der Tethys. Eine Richtung der Überlieferung sagt, daß sie mit Iapetos den Prometheus zeugte.

Klytämnestra war eine Tochter der Leda und des Tyndareos, des Königs von Sparta. Ihre Schwester war die von Zeus gezeugte Helena, ihre Brüder waren Kastor und Polydeukes.

Koronis, die Tochter des Königs Phlegyas von Orchomenos, war die schöne Geliebte Apollons. Doch als sie bereits schwanger war und der eifersüchtige Apollon in der Ferne weilte, wurde sie ihm untreu. Mit Ischys, einem athletischen Arkader, teilte sie das Lager. Im ersten Zorn tötete Apollon seine Geliebte. Ihr noch nicht geborenes Kind des Apollon kam wie durch ein Wunder mit dem Leben davon. Asklepios wurde der Knabe später genannt; als Gott der Heilkunst wurde er verehrt.

Kronos war ein Sohn des Uranos (Himmel) und der Gaia (Erde). Den "Krummgesonnenen" hat man ihn auch genannt. Er verband sich mit seiner Schwester Rhea und lehnte sich, durch Gaia unterstützt, gegen seinen Vater Uranos auf. Er entmannte ihn und trat die Weltherrschaft an. Um nicht selbst auch von seinen Kindern verdrängt zu werden, "verschlang er sie wie der Tag die Stunden". Man weiß, daß einer seiner Söhne - Zeus war es - von seiner Mutter versteckt wurde und so diesem Schicksal entkam.

Kyane war eine sizilianische Nymphe einer berühmten Quelle und eines tiefblauen Sees. Quelle und See sind nach ihr benannt.

Ladon war der dämonische Schlangendrache, der Heras Baum mit den goldenen Äpfeln bewachen sollte.

Leda ist Gattin des Tyndareos und Mutter von Kastor und Polydeukes, sowie von Helena und Klytämnestra. Zeus hat sich ihr einst in Gestalt eines Schwanes genähert und sie liebend umfangen.

Linos galt als bekannter Musiker, Dichter und Sänger. Man sagt, daß er die Gesetze der Harmonie entdeckt und das phönikische Alphabet nach Griechenland gebracht hat. Sein wohl unwilligster Schüler war Herakles, der ihn - damals schon aufbrausend - im Zorn erschlagen hat.

Lynkeus, siehe Idas.

Maia, eine der sieben Töchter des Atlas und der Pleione, war eine Bergnymphe und lebte in einer Höhle eines arkadischen Berges. Nymphen hat man als jugendliche, schöne Frauen gesehen, die göttlicher oder halb-göttlicher Abstammung waren. Der Liebe waren sie zugeneigt und so erzählt man, daß sie viele Liebesabenteuer mit Menschen und Göttern hatten. Und in diese Maia, von der hier die Rede ist, war Zeus verliebt und er besuchte sie oft spät am Abend, wenn seine Gattin Hera schon in tiefem Schlaf lag. Maia gebar dem Zeus den Hermes.

Mainaden waren Begleiterinnen des Dionysos. Auf den Hügeln und in den Wäldern gaben sie sich mit Gesang, Tanz und Musik einem ekstatischen Kult hin. Mit Fellen bekleidet und mit Efeu bekränzt, trugen sie Stäbe, die mit einem Pinienzapfen gekrönt waren, als phallisches Symbol. In ihrer orgiastischen Ekstase waren sie oft auch gewalttätig.

Medusa war eine der drei Gorgonen. Sie war eine Tochter des Meeresgottes Phorkys und seiner unförmigen Riesenschwester Keto. Die beiden anderen Gorgonen waren unsterblich, sie hießen Stheno und Euryale. Nur Medusa war sterblich. Das Aussehen der Gorgonen wurde unterschiedlich beschrieben. Manche berichten, sie wären schön, aber oft wird dazugesagt, daß das eine spätere Sagenversion ist. Andere sagen, sie hätten runde, häßliche Gesichter, heraushängende Zungen, Schlangenhaare und einen Blick, der das Blut gefrieren ließe. Ihr plumper Gang und ihr Stutenhintern runde dieses fürchterliche Bild noch ab. Schwanger soll sie gewesen sein, als Perseus sie enthauptete. Ihr entstiegen - als ihre Kinder! - das Pferd Pegasos und der Kämpfer Chrysaor mit einem goldenen Schwert, manche sagen sogar in voller Rüstung. Als Medusas sterblicher Geist in die Unterwelt, in den Hades eintrat, flohen alle Verblichenen vor diesem entsetzlichen Anblick.

Merope war die Tochter des Oinopion, der auf einer Insel die Kunst des Weinbaues pflegte. Merope sollte den Orion heiraten, doch ihr Vater verhinderte zuletzt diese Verbindung.

Minos war der Sohn von Zeus und der phönikischen Königstochter Europa, die er in der Gestalt eines Stieres entführt hatte. Minos war König von Kreta. Seine Gemahlin war eine Tochter von Helios, die Pasiphae. Minos und Pasiphae hatten viele Kinder, darunter auch Ariadne. Wie erzählt wurde, hat sich Pasiphae aber auch in einen Stier verliebt und mit ihm den Minotauros, einen Menschen mit einem Stierkopf, gezeugt.

Minotauros war ein Wesen mit einem Menschenleib und einem Stierkopf. Er wurde von einem Stier gezeugt, und seine Mutter war jene Pasiphae, die sich von dem berühmten Daidalos eine künstliche Kuh bauen ließ, in die sie schlüpfte, wenn sie mit dem Stier sexuelle Beziehungen pflegen wollte. Damit diese ruchlose Sache nicht weiter bekannt werde, wurde der Minotauros in einem Labyrinth gefangen gehalten. Man weiß, daß dieser Minotauros später von Theseus erschlagen wurde.

Moiren waren die drei Schicksalsgöttinnen: Klotho (die das Schicksal spinnende Göttin), Lachesis (die Loswerferin) und Atropos (die Unabwendbare). Hesiod weiß, daß alle drei Moiren Töchter der Nyx, der Nacht, waren. Klassische Autoren waren der Meinung, daß die Moiren über den Göttern standen.

Molorchos war ein gastfreundlicher Taglöhner in Kleone, zu dem Herakles kam, als er den Nemeischen Löwen am Berg Tretos suchte.

Morpheus ist der Gott des Traumes und ein Sohn des Hypnos, des Schlafes. Morpheus ist es, der den Träumenden die verschiedenen Gestalten lebensnah vor Augen führt.

Musen waren Töchter des Zeus und der Titanin Mnemosyne. Musen waren die Göttinnen der schönen Künste, der Literatur und der Musik, aber auch der Geschichtsschreibung und der Astronomie.

Myrtilos war ein Sohn des Hermes und war des Königs Oinomaos' Wagenlenker.

Najaden, siehe Nymphen

Nephele. Ixion, der Verwandtenmörder, wurde von Zeus zu einer Reinigungszeremonie auf den Olymp zitiert, damit er von seiner Schuld freigesprochen werden kann. Doch er war dieser Gnade nicht würdig. Im Olymp versuchte er nämlich die Gattin des Zeus, die Hera, zu verführen, doch Zeus hat eilig ein Wolkengebilde geschaffen, welches der Hera täuschend ähnlich sah. Die Wolke - Nephele war es - wurde schwanger und hat den Urkentaur, ein Wesen halb Mensch und halb Pferd, zur Welt gebracht.

Nereus war ein Gott des Wassers und des Meeres. Auch er stammt von ganz frühen Gottheiten ab, von Pontos und von Gaia. Nereus ist der Vater der fünfzig Nereiden, die als Meeresnymphen das Gefolge des Poseidon waren. Nereus und viele andere greise Meeresgötter hatten die Gabe der Weissagung und

Glossar mythologischer Gestalten

Hellsicht und waren in der Lage, ihre körperliche Gestalt zu verwandeln.

Nymphen. Baum-, Eschen-, Berg-, und Wassernymphen hat man als jugendliche schöne Frauen gesehen, zum Teil als unsterbliche Geister; erotisch anziehend waren sie und in manches Liebesabenteuer verwickelt. Mit Göttern waren sie verbunden - mit Dionysos und Pan zum Beispiel - aber auch mit Menschen.

Oinomaos, siehe Hippodameia, Myrtilos.

Oinopion, ein Sohn des Dionysos und der Ariadne, betrieb auf einer Insel der ionischen Küste Weinbau. Seine Tochter Merope versprach er, dem Orion zur Frau zu geben, doch hielt er dieses Versprechen nicht ein.

Okeaniden waren Meeresnymphen, Töchter des Okeanos und der Tethys. Dreitausend sollen es gewesen sein und ihre Aufgabe war es, die Wasser auf der Erde zu betreuen.

Okeanos war der Gott des die Erde umfließenden Wassers. Von ihm stammen alle Quellen und Flüsse, aber auch die Seen, Teiche und Tümpel ab. Okeanos war ein Sohn des Himmelsgottes Uranos und der Erdgöttin Gaia. Tethys war seine Gemahlin. Er wurde oft als greiser bärtiger Gott dargestellt, der eine Urne trägt.

Okyrrhoe war eine Tochter des Asklepios.

Orion war der Sohn des griechischen Meeresgottes Poseidon und manche sagen, daß auch noch Zeus und Hermes beteiligt gewesen wären. Er gilt als riesenhafter Held, als Jäger.

Orpheus war ein Sohn Apollons und der Muse Kalliope. Mit seiner Musik konnte er Pflanzen und Tiere, ja kämpfende Krieger bezaubern und sie von Gewalttaten abhalten. Durch seine Kunst gelang es ihm fast, seine geliebte Eurydike aus der Unterwelt zu befreien. Später - seine schöne Eurydike kam ja nicht mehr in die Welt des Lebens zurück - wurde er wegen seiner ablehnenden Haltung liebeswerbenden Frauen gegenüber von Mainaden zerrissen. Diese Mainaden waren die Begleiterinnen des Dionysos, die sich in Ekstase dem Tanz und der Musik hingaben und als Zeichen ihrer tätigen Unbekümmertheit um Anstand und Sitte phallische Symbole mit sich trugen.

Orthros war ein zweiköpfiger Hund, den die Echidna zur Welt brachte. Orthros zeugte mit seiner eigenen Mutter die bekannte Sphinx und den Nemeischen Löwen.

Pan war ein Gott des Weidelandes. Wer seine Eltern waren, ist ungewiß, doch sagt man zumindest, daß Hermes sein Vater war. Auf Bocksfüßen kam er daher und am Kopf trug er kleine Hörner. Liebestoll war er und er verfolgte immer wieder die sonst leidenschaftlichen Nymphen, die aber oft von ihm nichts wissen wollten. Jähzornig und furchterregend konnte er sein und gab oft Anlaß zu "pan"ischem Schrecken. (Siehe auch Aigipan.)

Pandora, die "Allbegabte", war ein von den Göttern geschaffenes weibliches Wesen. Hephaistos, der Schmied und Handwerker der Götter, formte sie aus Lehm. Athene, die Göttin der Weisheit, des Krieges und der Künste, hauchte ihr das Leben ein. Aphrodite, die Göttin der Liebe, Schönheit und Fruchtbarkeit, gab ihr den Charme. Und Hermes, der Gott der Kaufleute und Diebe lehrte sie List und Verrat. Auch eine Büchse - die oft genannte Büchse der Pandora - haben die Götter ihr zur Erde mitgegeben, ein Gefäß in dem Sorgen, Schmerz, Leid, Streit, Eifersucht und Krankheit verborgen waren. Als Götterbote führte Hermes die Pandora dem Epimetheus, dem Bruder des Prometheus, zu, der sie einfältig in seine Arme schloß und heiratete.

Pegasos war das geflügelte Roß, das der Medusa entstieg, als Perseus sie enthauptet hat. Manche sagen, daß Medusa von Poseidon schwanger war, sodaß dieser als Vater von Pegasos gilt. Bellerophontes hat dem Pegasos ein Zaumzeug angelegt, das er von Athene erhalten hat. Pegasos und Bellerophontes bestanden gemeinsam manche Gefahr.

Pelops war ein Sohn des Lyderkönigs Tantalos. Er gewann durch eine List Hippodameia zur Frau.

Persephone war die Tochter des Zeus und der Erd- und Fruchtbarkeitsgöttin Demeter. Als Frau des Hades wurde sie zur Herrscherin der Unterwelt. Ein Drittel des Jahres, oder manche sagen die Hälfte, verbringt sie in der Unterwelt bei ihrem Gatten. In dieser Zeit - es ist da Winter - verdorren auf der Erde die Pflanzen, und auch als Sternbild (Jungfrau) ist sie abends nicht am Himmel zu sehen. Zwei Drittel des Jahres lebt sie dann aber bei ihrer Mutter, der Demeter, als Vegetationsgöttin und fördert das Wachstum der Pflanzen. Persephone wurde oft mit einer Kornähre abgebildet. Auch am Sternenhimmel ist die Kornähre zu sehen. Ein heller Stern (Spica) bei ihrem linken Knie symbolisiert sie.

Perseus war ein Sohn der Danae, der sich Zeus in Form eines goldenen Regens genähert hat. Der Regen fiel in ihren Schoß und sie ging nicht mehr mit sich allein. Perseus sollte später das Haupt der Medusa holen und die an einen Felsen gekettete Andromeda befreien.

Phaethon war der Sohn des Sonnengottes Helios und der Okeanide Klymene. Als Phaethon einst den Sonnenwagen seines Vaters alleine über den Himmel führte, geriet fast die ganze Erde und das Himmelsgewölbe in Brand. Die Brandspuren sind jedenfalls noch heute am Himmel zu sehen; wir nennen sie - wegen ihres hellen Aussehens - Milchstraße.

Philomelos. Auf erdigem Boden in einem Feld in Kreta liebten sich Demeter und Iasion. Plutos war der eine Sohn, den sie zur Welt brachte, Philomelos (so erzählt es zumindest Hyginus) der andere. Ein "Freund der Lieder" war er und Philomelos erfand den Wagen, um die Ernte fruchtbarer Felder in die Scheune bringen zu können.

Philyra war eine Okeanide, eine Tochter des Okeanos und der Tethys. Der mißtrauische Kronos, der seine Kinder töten wollte, suchte nach dem neugeborenen Zeus, den Rhea vor ihm versteckt hatte. Da erblickte er auf seiner Suche in Thessalien die zauberhafte Okeanide Philyra. Chiron, ein Kentaur, war Philyras und Kronos' Sohn.

Phineus war der Bruder des Kepheus. Ihm hatte Kepheus seine Tochter Andromeda zur Frau versprochen. Doch tat dieser Phineus nichts, um Andromeda vor dem Meeresungeheuer zu retten, dem sie ausgesetzt war. Perseus mußte eingreifen. Und trotzdem war Phineus - als die Gefahr vorbei war - auf Perseus neidig und versuchte, ihn bei der Hochzeit mit Andromeda zu töten.

Phoibe, siehe Hilaeira.

Pleiaden waren die sieben Töchter von Atlas und der Okeanide Pleione: Maia, Elektra, Taygete, Kelaino, Alkyone, Sterope und Merope. Maia wurde durch Zeus die Mutter des Hermes.

Plutos. In einem Feld liebten sich bei einer Hochzeit die Demeter und Iasion. Das Kind, das sie zur Welt brachte, war Plutos, der Reichtum der fruchtbaren Felder. Ein anderer Sohn von Iasion und Demeter soll Philomelos gewesen sein.

Polydektes war ein König auf der Insel Seriphos. Als einst Danae mit ihrem Sohn Perseus dort strandete, glaubte er, sie verführen zu können. Aber sein Bruder, Diktys, der ein Fischer auf dieser Insel war, beschützte Danae. Polydektes hat später den Perseus ausgesandt, das Haupt der Medusa zu holen.

Polydeukes und Kastor waren die Dioskuren, die "himmlischen Zwillinge", die Söhne der Leda. Homer hat sie als Sterbliche aufgefaßt, später hat man Polydeukes als Sohn von Zeus gesehen. Manchmal werden auch beide als Söhne des Zeus verstanden (Dioskuren). Ihre Schwestern waren Helena und Klytämnestra; Helenas Vater, so sagt man, sei Zeus gewesen.

Poseidon war der griechische Hauptgott der Meere und Gewässer. Er war ein Sohn des Kronos und der Rhea; er war der ältere Bruder von Zeus und gehört daher zu den mächtigsten Göttern. Er sendet Stürme und Erdbeben und trägt als Symbol den Dreizack, auf dem oft ein sich windender Fisch steckt. Im Gegensatz zu anderen Meeresgottheiten war Poseidon oft gefährlich und gewalttätig. In der bildenden Kunst stellte man ihn als große bärtige Gestalt dar, der man ihr übellauniges, rachsüchtiges Wesen ansah. Er personifizierte die zerstörerische Macht des Meeressturmes. Poseidons Frau war Amphitrite, eine Tochter des Nereus (oder Okeanos). Die Nereiden waren Poseidons Gefolge. Als Söhne des Poseidon werden oft Theseus und Orion genannt.

Proitos, der König von Tiryns, war der Zwillingsbruder des Akrisios, mit dem er sein Leben lang im Streit war.

Prometheus war ein Titan, dessen Name - "der Vorausdenkende" - auch sein Wesen kennzeichnete. Er war ein Rebell, er formte Figuren aus Lehm und belebte sie mit Hilfe der Athene und wurde - so berichten es zumindest manche Mythen - zum Schöpfer der Menschen. Den Göttern hat er vom Himmel das Feuer gestohlen und hat es den Menschen geschenkt. Diese Tat mußte er allerdings schwer büßen, denn er wurde an einen Felsen geschmiedet und war hilflos einem Adler ausgeliefert, der ihm täglich den Leib aufhackte und an seiner Leber fraß. Herakles hat Prometheus von seiner Qual befreit. Anders lautende Berichte sprechen davon, daß Prometheus erst durch den freiwilligen Tod des Chiron endgültig von seiner Strafe freigekommen ist. In Prometheus sieht man den Bringer der Kultur, dem die Menschen auch Handwerk und Kunst verdanken.

Rhadamanthys war ein Sohn des Zeus und der Europa und damit Bruder von Minos und Sarpedon. Einen Richter, Totenrichter und Schiedsrichter hat man in ihm gesehen. Ein Rechtskodex soll auf ihn zurückgehen

Rhea war eine Titanin und somit eine Tochter des Uranos und der Gaia. Dem Kronos gebar sie sechs Kinder: Hestia, Demeter, Hera, Hades, Poseidon und Zeus. Man erinnert sich, daß Kronos aus Angst, von seinen Kindern verdrängt zu werden, alle, sobald sie geboren waren, verschlang, in sich hineinwürgte, Kronos "verschlang sie wie der Tag die Stunden". Bloß den Zeus konnte Rhea vor Kronos mit List noch rechtzeitig verstecken, und er entkam dadurch diesem Schicksal. Zeus konnte seine Geschwister zuletzt dennoch retten.

Sarpedon war ein Sohn von Zeus und Europa und damit auch Bruder von Minos und Rhadamanthys.

Satyr ist ein Mischwesen von menschlicher Gestalt mit tierischen Ohren und einem zottigen Fell, mit Hörnern und Pferdeschwanz, mit aufgerecktem männlichen Glied. Ausgelassene Begleiter des Dionysos waren diese Satyrn. Man kann in ihnen Fruchtbarkeitsdämone sehen.

Selene war die Göttin des Mondes. Sie wurde als Schwester des Sonnengottes Helios und der Göttin der Morgenröte Eos angesehen.

Silen ist ein zweibeiniges, halbmenschliches Pferdewesen der Mythologie.

Syrinx war eine arkadische Nymphe, die als Begleiterin der Artemis zu ihrem jungfräulichen Gefolge zählte. Man versteht, daß sie vor dem bocksbeinigen Pan floh, als er ihr einst nachstellte. In ein Schilfrohr verwandelte sie sich, um ihm zu entgehen.

Tartaros reicht in einen frühen Schöpfungsmythos zurück: Dunkelheit war der Anfang von allem und aus dieser trat das Chaos hervor. Dunkelheit und Chaos zeugten Nacht, Tag, Finsternis (Erebos) und die Luft. Aus der Paarung der dunklen Elemente - Nacht und Finsternis - entstammen manche bedrückende Wesenheiten: Verderben, Alter, Tod, Entsagung, Mord, aber auch Schlaf und Träume. Aus der Paarung von Luft und Tag erwuchsen Erde, Himmel und Meer. Aus der Paarung von Luft und Erde kam schließlich auch der

Tartaros hervor. Tartaros war der dunkelste und tiefste Ort der Unterwelt.

Teiresias war ein großer, blinder Seher aus Theben. Seine Mutter war ein besonderer Liebling der Athene. Einst badeten die beiden in einer Quelle, als Teiresias vorbeikam und Athene nackt sah. Athene legte ihm ihre Hand auf die Augen und er wurde dadurch für immer blind; doch um ihn zu entschädigen, verlieh sie ihm ein so feines und veredeltes Gehör, daß er auch die Sprache der Vögel verstand und die Gabe der Prophetie beherrschte.

Tethys, eine Titanin, war die Gemahlin des Okeanos, der über den breiten sagenumwobenen Strom herrschte, der die Erdscheibe kreisförmig umgab. Unzählige Söhne und Töchter schenkte sie ihrem Gatten, die als Flußgottheiten verehrt wurden.

Thanatos war der personifizierte Tod und war, wie sein Bruder Hypnos (Gott des Schlafes), ein Sohn der Nyx, der Nacht. Thanatos suchte, wenn es Zeit war, die Sterblichen auf, schnitt ihnen eine Haarlocke ab und führte sie zu Hades in die Unterwelt.

Themis war eine Titanin. Sie war eine Göttin der Gerechtigkeit, der Sittlichkeit und Ordnung. Mit Iapetos (so sagt zumindest die eine Richtung der Überlieferung) zeugte sie Prometheus, dem sie die Weisheit verlieh. Themis kannte nämlich die Zukunft und alle Geheimnisse und war auch die Göttin und Seherin des Delphischen Orakels.

Theseus war der größte Held Athens. Es gibt verschiedene Versionen, aber eine davon besagt, daß der Meeresgott Poseidon der Vater des Theseus gewesen sein soll. Seine Mutter war die Aithra, die Tochter des Königs Pittheus von Troizen. Um Theseus ranken sich viele Erzählungen. Sein Kampf mit dem Minotauros, jenem Wesen mit Menschenleib und Stierkopf, welches in einem Labyrinth gefangen gehalten wurde, klingt auch bei den Sternbild-Erzählungen an. Mit Ariadnes Hilfe konnte Theseus aus dem Labyrinth zurückfinden.

Thetis war eine Nereide, die Mutter des Achilles.

Titanen waren ein Göttergeschlecht, es waren riesenhafte Wesen der Urzeit. Sie waren von Uranos (Himmel) und Gaia (Erde) ausgegangen. Zu den Titanen zählten Hyperion, Koios, Kronos, Mnemosyne, Okeanos, Phoibe, Rhea, Tethys, Theia, Themis und andere.

Tros war Gründer und König von Troja. Sein Sohn Ganymed wurde von Zeus in den Olymp entführt, wo er seither Mundschenk der Götter war.

Tyndareos war König von Sparta und hatte Leda zur Gemahlin.

Typhon. Nach dem Sieg von Zeus über die Giganten (oder Titanen) zeugte Gaia mit dem Tartaros den Typhon und brachte ihn in einer Höhle im südlichen Kleinasien zur Welt. Typhon war ein Ungeheuer, er hatte hundert Drachen- oder Eselsköpfe und hatte Schlangenfüße; Lava ergoß sich aus seinem Maul, wenn er es öffnete. Er verband sich mit Echidna und zeugte Kerberos, den Höllenhund, den Drachen Ladon, der die Äpfel der Hesperiden bewacht hat, und Chimaira, jenes Fabeltier mit einem Löwenkopf, einem Ziegenkörper und einem Schlangenschwanz. Aber auch noch andere Wesen rühmen sich seiner Vaterschaft.

Uranos. Gaia, die Erde, war in frühesten Urzeiten dem Chaos entsprungen und hat aus sich heraus den Uranos, den Himmel, gezeugt. Die Gaia paarte sich mit Uranos, und die Titanen, jene riesenhaften Wesen der Urzeit, entstanden. Uranos war auf seine eigenen Kinder eifersüchtig und hat sie in den Leib der Gaia zurückgestoßen, sobald sie geboren wurden. Gaia hat ihre Kinder aufgefordert, sie zu rächen, doch nur einer, Kronos, wagte es, sich gegen seinen Vater zu erheben. Mit einer Sichel, die er von seiner Mutter erhalten hatte, entmannte er seinen Erzeuger und warf die Geschlechtsteile ins Meer. So grauenvoll diese Vorstellung ist, so wunderbar ist die Verwandlung, die hier aber jetzt einsetzt: Aphrodite bildet sich, sie steigt aus dem Meer auf und tritt ans Land. Aus den Blutstropfen, die auf den Erdboden fielen, entstanden die Giganten, aber auch die Erinnyen.

Zephir war der Gott des sanften, freundlichen und willkommenen Westwindes, ein Sohn des Astraios (des Sternhellen) und der Eos (der Morgenröte). Er gilt als Bote des Frühlings und wird immer wieder von den Menschen herbeigesehnt, wenn sein rauher Bruder, der Boreas, der Nordwind, nach langem Winter schon unerträglich wurde. Oft hat man es beobachtet, daß heiße Stuten ihr Hinterteil dem Winde entgegenhalten und unversehens trächtig wurden. Vielleicht ist das der Grund dafür, daß man sich erzählt, Zephir war es selbst, der am Okeanos ein Stutenfohlen schwängerte und damit zum Vater der bekannten, unsterblichen Pferde des Achilles wurde.

Zeus war der höchste Gott der Griechen. Er war der Sohn des Kronos und der Rhea. Mit seinen Brüdern Poseidon und Hades teilte er sich die Weltherrschaft. Poseidon herrschte über das Meer, Hades war der Herr der Unterwelt. Zeus residierte mit seiner Gemahlin Hera im Olymp. Eine große Zahl von Erzählungen berichtet, daß Zeus mit vielen Göttinnen und auch sterblichen Frauen in liebender Verbindung gestanden ist. Oft erscheint er dabei den Frauen, denen er sich nähern will, in verschiedenen Gestalten: Als goldener Regen der Danae, als Stier der Europa, als Schwan der Leda. Etliche Darstellungen und Werke der Kunst nehmen hierauf Bezug.

REGISTER DER STERNBILDER

Die Reihenfolge der Stichworte in der Sternbilder-Registereintragung folgt der mythologischen Handlung, die im Text erwähnt wird.

Adler, siehe Wassermann

Adler und Pfeil, 68 - 74
Adler holt Donner zurück. Prometheus erschafft Menschen. Prometheus täuscht Zeus. Prometheus bringt Feuer. Pandora, ihre Erschaffung. Prometheus wird von Zeus bestraft. Zeus' Adler zerfleischt Prometheus. Herakles tötet Adler.

Andromeda, siehe Kassiopeia

Bärenhüter, siehe Großer Bär

Becher, siehe Nördliche Wasserschlange

Bootes, siehe Großer Wagen

Bootes, siehe Kleiner Hund und Großer Wagen, Jungfrau und Bootes

Cepheus, siehe Kassiopeia

Delphin, 115 - 117
Arion von Delphin gerettet.

Drache, 49 - 54
Heras Baum mit goldenen Äpfeln. Hesperiden bewachen heiligen Baum. Ladon bewacht heiligen Baum. Herakles ringt mit Nereus. Herakles trifft auf Prometheus. Herakles bittet Atlas, Äpfel zu holen. Herakles tötet Ladon. Herakles trägt Himmelsgewölbe.

Fische und Steinbock, 108 - 112
Gaia zeugt Typhon. Typhon will Zeus entmachten. Götter verwandeln sich aus Furcht. Aphrodite und Eros werden gerettet. Typhon ringt mit Zeus. Typhon raubt Sehnen des Zeus. Hermes und Aigipan retten Zeus. Typhon liegt unter Ätna begraben.

Fuhrmann, 126 - 129
Oinomaos' berühmte Gestüte. Oinomaos erfährt Orakelspruch. Pelops wirbt um Hippodameia. Pelops' Wagenrennen. Myrtilos lokkert Räder. Oinomaos verunglückt. Pelops stößt Myrtilos ins Meer.

Großer Bär, Bärenhüter und Jagdhunde, 9 - 16

Artemis, ihre Jugend. Artemis, ihre Gefolgschaft. Kallisto, im Gefolge der Artemis. Phaethon fährt Sonnenwagen. Helios, der Sonnengott. Zeus tötet Phaethon. Zeus und Kallisto. Kallisto bringt Arkas zur Welt. Hera verwandelt Kallisto in Bärin. Arkas versucht, Bärin zu töten. Hera verhindert das Bad der Bärin.

Großer Hund, 148 - 151

Charon und Kerberos bewachen Styx. Kerberos, Herkunft und Gestalt. Herakles steigt ab in die Unterwelt. Herakles legt Kerberos in Ketten. Herakles' Schweiß, Pappelblätter. Kerberos' Geifer, giftiger Eisenhut. Herakles wird unsterblich.

Großer Wagen und Bootes, 34 - 37

Kadmos' und Harmonias Hochzeit. Iasion begegnet Demeter. Zeus erschlägt Iasion.

Großer Wagen, siehe Kleiner Hund

Hase, siehe Orion

Herkules, 54 - 60

Götter kämpfen gegen Giganten. Zeus und Alkmene. Alkmene war Amphitryons Braut. Zeus als Amphitryon. Zeus befiehlt, Sonne zu löschen. Amphitryon von Alkmene enttäuscht. Alkmene mit Herakles schwanger. Hera verzögert Herakles' Geburt. Eileithyia hockt mit gekreuzten Fingern. Hera beschleunigt Eurystheus' Geburt. Herakles im Dienst von Eurystheus. Herakles tötet als Kind zwei Schlangen. Teiresias sagt Heldentaten vorher. Herakles als Knabe. Herakles erschlägt seinen Lehrer. Athene schützt Herakles. Hermes schenkt Herakles Schwert. Apollon schenkt Herakles Pfeile. Hephaistos schenkt Herakles Köcher.

Jagdhunde, siehe Großer Bär

Jungfrau, 22 - 28

Persephone, ihre Jugend. Persephone und die Narzisse. Hades entführt Persephone. Demeter sucht Persephone. Demeter verdirbt Saaten. Demeter verklagt Hades bei Zeus. Hermes bringt Persephone zu Demeter. Demeter läßt die Erde wieder blühen.

Jungfrau, siehe Kleiner Hund und Großer Wagen, Jungfrau und Bootes.

Kassiopeia, Cepheus, Andromeda, Perseus und Walfisch, 91 - 100

Kassiopeia beleidigt Nereiden. Poseidon sendet Meeresungeheuer. Andromeda, angekettet. Perseus rettet Andromeda. Medusen-Haupt, Korallen entstehen. Perseus heiratet Andromeda. Phineus überfällt Hochzeitsgäste. Medusen-Haupt versteinert Krieger.

Register der Sternbilder

Krebs, 132 - 135
Hydra, ihre Herkunft. Hydra, ihre Gestalt. Lernäische Schlange. Athene hilft Herakles. Hera sendet gefährlichen Krebs. Herakles tötet Hydra. Herakles vergiftet seine Pfeile.

Kleiner Hund und Großer Wagen, Jungfrau und Bootes, 151 - 155
Dionysos, Gottheit des Weines. Dionysos schenkt Weinstock. Ikarios keltert Wein. Ikarios wird erschlagen. Erigone findet toten Vater. Erigones Fluch. Weinlesefest.

Leier, 60 - 66
Hermes, seine Jugend. Hermes erfindet Leier. Hermes stiehlt Kuhherde. Hermes gibt Leier an Apollon. Apollon schenkt Leier an Orpheus. Orpheus begegnet Eurydike. Eurydike von Schlange gebissen. Orpheus steigt in die Unterwelt. Orpheus verliert Eurydike. Mainaden erschlagen Orpheus.

Löwe, 29 - 34
Hera sendet Löwen nach Nemea. Nemeischer Löwe, Herkunft. Herakles' Kampf gegen Löwen. Herakles trägt Löwenfell.

Nördliche Krone, 16 - 22
Theseus will Minotauros töten. Zeus legitimiert Minos als Sohn. Poseidon legitimiert Theseus als Sohn. Ariadne verliebt sich in Theseus. Ariadnefaden. Theseus ersticht den Minotauros. Ariadne flieht nach Naxos. Dionysos fordert Ariadne. Theseus verläßt Ariadne. Dionysos umwirbt Ariadne. Dionysos wirft Krone zum Himmel.

Nördliche Wasserschlange, Rabe und Becher, 28
Apollon rüstet zum heiligen Fest. Apollons Rabe soll Wasser holen. Apollons Rabe vergißt seinen Auftrag. Apollon straft lügenden Raben.

Orion und Hase, 142 - 148
Zeus, Poseidon und Hermes bei Hyrieus. Orion, Herkunft und Kindheit. Orion, der Erdgeborene. Orion, Begleiter der Artemis. Orion verführt Merope. Orion wird grausam geblendet. Orion erfährt Orakelspruch. Orion und Kedalion. Eos entführt Orion nach Delos. Orions Tod.

Pegasus und Perseus, 100 - 108
Perseus, seine Jugend. Perseus sucht Gorgonen. Medusa, ihre frühere Schönheit. Athene schützt Perseus. Perseus kommt zu Graien. Perseus enthauptet Medusa. Pegasos entsteigt Medusa. Chrysaor entsteigt Medusa. Perseus flieht mit Medusen-Haupt. Perseus versteinert Polydektes. Perseus tötet Akrisios. Pegasos, das Flügelpferd. Bellerophon zähmt den Pegasos. Bellerophon, seine Taten. Bellerophon tötet Chimaira. Bellerophon, sein Tod.

Register der Sternbilder

Perseus, 123 - 126
Akrisios, König von Argos. Danae, Tochter des Akrisios. Akrisios erfährt Orakelspruch. Danae im Gefängnis. Zeus und Danae. Zeus als goldener Regen. Danae bringt Perseus zur Welt. Danae und Perseus im Meer. Danae und Perseus, gerettet.

Perseus, siehe Kassiopeia

Perseus, siehe Pegasus

Pfeil, siehe Adler

Rabe, siehe Nördliche Wasserschlange

Schlange und Schlangenträger, 81 - 84
Apollon und Koronis. Koronis ist Apollon untreu. Apollons Rabe verrät Untreue. Apollon tötet Koronis. Asklepios, Gott des Heilens.

Schlangenträger, siehe Schlange

Schütze, 74 - 78
Kronos und Philyra. Rhea ertappt Kronos und Philyra. Kronos als Hengst. Philyra bringt Chiron zur Welt. Philyra verwandelt sich in Linde. Chiron, Erzieher großer Helden. Chirons Tod.

Schwan, 66 - 68
Zeus und Leda. Zeus als Schwan. Kastor und Polydeukes, ihre Jugend. Theseus entführt Helena.

Skorpion, 79 - 81
Orion und Artemis. Orion und die Pleiaden. Orion und Eos. Orions Jagdlust. Orion stirbt durch Skorpion.

Steinbock, 84 - 86
Pan und Syrinx. Syrinx verwandelt sich. Pan baut vielstimmige Flöte.

Steinbock, siehe Fische

Stier, 136 - 140
Zeus und Europa. Hermes treibt Rinder zur Küste. Zeus als Stier. Zeus entführt Europa. Europa schenkt Zeus drei Söhne. Europa wird Gattin des Asterios.

Walfisch, siehe Kassiopeia

Wassermann und Adler, 113 - 115
Zeus als Kuckuck. Zeus' und Heras Hochzeitsnacht. Heras Eifersucht. Ganymed und Zeus. Zeus entführt Ganymed. Ganymed im Olymp.

Widder, 140 - 142
Nephele und Athamas. Ino röstet Saatgut. Ino besticht Gesandte. Athamas muß seine Kinder

opfern. Helle und Phrixos werden gerettet. Helle stürzt ins Meer. Goldenes Vlies.

Zentaur, 37 - 43
Kentauren, ihre Herkunft. Ixions Hochzeit. Ixion mordet heimtückisch. Ixion im Olymp. Ixion und Nephele. Ixion, Bestrafung. Nephele bringt Kentaur zur Welt. Kyllaros, der schöne Kentaur. Hylonome, das Kentaurenmädchen. Kyllaros und Hylonome. Lapithen und Kentauren. Hochzeit des Peirithoos und Deidameia. Theseus befreit Deidameia. Kentauren fliehen nach Süden.

Zwillinge, 129 - 131
Kastor und Polydeukes, verliebt. Kastor und Polydeukes kämpfen. Kastor fällt im Kampf. Kastor und Polydeukes am Olymp und im Hades.

REGISTER MYTHOLOGISCHER GESTALTEN

A
Achilles (Glossar) 201
Adler holt Donner zurück 68
Aigipan (Glossar) 201
Aigipan und Hermes retten Zeus 112
Akrisios (Glossar) 201
Akrisios erfährt Orakelspruch 124
Akrisios hat eine Tochter Danae 123
Akrisios ist König von Argos 123
Akrisios wird von Perseus getötet 106
Alkmene (Glossar) 201
Alkmene enttäuscht Amphitryon 56
Alkmene mit Herakles schwanger 56
Alkmene und Zeus 55
Alkmene war Amphitryons Braut 55
Amphitrite (Glossar) 201
Amphitryon (Glossar) 201
Amphitryon von Alkmene enttäuscht 56
Andromeda (Glossar) 202
Andromeda heiratet Perseus 95
Andromeda ist angekettet 91
Andromeda von Perseus errettet 92
Aphrodite (Glossar) 202
Aphrodite und Eros werden gerettet 111
Apollon (Glossar) 202
Apollon erhält Leier von Hermes 63
Apollon rüstet zum heiligen Fest 28
Apollon schenkt Herakles Pfeile 59
Apollon schenkt Leier an Orpheus 63
Apollon straft lügenden Raben 28
Apollon tötet Koronis 82
Apollon und Koronis 81
Apollons Rabe soll Wasser holen 28
Apollons Rabe vergißt seinen Auftrag 28
Apollons Rabe verrät Untreue 81
Arethusa (Glossar) 202
Ariadne (Glossar) 202
Ariadne flieht nach Naxos 21
Ariadne von Dionysos umworben 21
Ariadne wird von Theseus verlassen 21
Ariadnefaden 20
Ariadne verliebt sich in Theseus 20
Arion (Glossar) 202
Arion von Delphin gerettet 116
Aristaios (Glossar) 202
Arkas (Glossar) 203
Arkas versucht, Bärin zu töten 15
Artemis (Glossar) 203
Artemis in ihrer Jugend 9
Artemis und ihre Gefolgschaft 9
Artemis und Orion 79
Artemis wird von Orion begleitet 144
Asklepios (Glossar) 203
Asklepios als Gott des Heilens 83

Register mythologischer Gestalten

Asterios (Glossar) 203
Asterios heiratet Europa 140
Athamas und Nephele 140
Ate (Glossar) 203
Athamas (Glossar) 203
Athamas muß seine Kinder opfern 141
Athene (Glossar) 203
Athene schützt Herakles 59, 132
Athene schützt Perseus 103
Atlas (Glossar) 203
Atlas holt für Herakles Äpfel 53

B
Bellerophon (Glossar) 204
Bellerophon tötet Chimaira 107
Bellerophon und sein Tod 107
Bellerophon und seine Taten 107
Bellerophon zähmt den Pegasos 106
Boreas (Glossar) 204

C
Charon (Glossar) 204
Charon und Kerberos bewachen Styx 148
Chimaira (Glossar) 204
Chiron (Glossar) 204
Chiron als Erzieher großer Helden 78
Chiron von Philyra geboren 77
Chirons Tod 78
Chrysaor (Glossar) 204
Chrysaor entsteigt Medusa 105

D
Danae (Glossar) 205
Danae bringt Perseus zur Welt 124
Danae im Gefängnis 124
Danae ist Tochter des Akrisios 123
Danae und Perseus im Meer 125
Danae und Perseus werden gerettet 125
Danae und Zeus 124
Deidameia von Theseus befreit 42
Deidameias Hochzeit mit Peirithoos 42
Demeter (Glossar) 205
Demeter begegnet Iasion 36
Demeter verdirbt Saaten 26
Demeter läßt die Erde wieder blühen 27
Demeter sucht Persephone 25
Demeter verklagt Hades bei Zeus 26
Dias Hochzeit mit Ixion 37
Diktys (Glossar) 205
Dionysos (Glossar) 205
Dionysos als Gottheit des Weines 151
Dionysos fordert Ariadne 21
Dionysos schenkt Weinstock 152
Dionysos umwirbt Ariadne 21
Dionysos wirft Krone zum Himmel 22

E
Echidna (Glossar) 205
Eileithyia (Glossar) 205
Eileithyia hockt mit gekreuzten Fingern 56
Eos (Glossar) 206
Eos entführt Orion nach Delos 147
Eos und Orion 80
Epimetheus (Glossar) 206
Erigone findet toten Vater 155
Erigones Fluch 155

Register mythologischer Gestalten

Erinnyen (Glossar) 206
Eros (Glossar) 206
Eros und Aphrodite werden gerettet 111
Europa (Glossar) 206
Europa schenkt Zeus drei Söhne 140
Europa und Zeus 136
Europa von Zeus entführt 139
Europa wird Gattin des Asterios 140
Eurydike (Glossar) 207
Eurydike begegnet Orpheus 63
Eurydike von Schlange gebissen 64
Eurydike verliert Orpheus 65
Eurystheus (Glossar) 207
Eurystheus' Geburt von Hera beschleunigt 57

G
Gaia (Glossar) 207
Gaia zeugt Typhon 108
Ganymed (Glossar) 207
Ganymed im Olymp 114
Ganymed und Zeus 114
Ganymed von Zeus entführt 114
Giganten (Glossar) 207
Goldenes Vlies 142
Gorgonen (Glossar) 207
Gorgonen 100
Götter kämpfen gegen Giganten 54
Götter verwandeln sich aus Furcht 111
Graien (Glossar) 207
Graien 104

H
Hades (Glossar) 207
Hades entführt Persephone 25
Hades von Demeter bei Zeus verklagt 26
Harmonia (Glossar) 207
Harmonias und Kadmos' Hochzeit 34
Hebe (Glossar) 208
Helena (Glossar) 208
Helena von Theseus entführt 68
Helios (Glossar) 208
Helios, der Sonnengott 10
Helle (Glossar) 208
Helle stürzt ins Meer 141
Helle und Phrixos werden gerettet 141
Hephaistos (Glossar) 208
Hephaistos schenkt Herakles Köcher 59
Hera (Glossar) 208
Hera beschleunigt Eurystheus' Geburt 57
Hera sendet gefährlichen Krebs 135
Hera sendet Löwen nach Nemea 29
Hera und der Baum mit goldenen Äpfeln 49
Hera und ihre Eifersucht 114
Hera und Zeus, Hochzeitsnacht 113
Hera verhindert das Bad der Bärin 15
Hera verwandelt Kallisto in Bärin 14
Hera verzögert Herakles' Geburt 56
Herakles (Glossar) 208
Herakles als Knabe 58
Herakles' Kampf gegen den Löwen 29
Herakles bittet Atlas, Äpfel zu holen 53
Herakles erschlägt seinen Lehrer 58
Herakles' Geburt durch Hera verzögert 56
Herakles im Dienst von Eurystheus 57

Herakles' Köcher von Hephaistos 59
Herakles legt Kerberos in Ketten 150
Herakles' Pfeile von Apollon 59
Herakles ringt mit Nereus 50
Herakles' Schweiß, Pappelblätter 150
Herakles' Schwert von Hermes 59
Herakles steigt ab in die Unterwelt 149
Herakles tötet als Kind zwei Schlangen 57
Herakles tötet Adler 73
Herakles tötet Hydra 135
Herakles tötet Ladon 53
Herakles trägt Himmelsgewölbe 53
Herakles trägt Löwenfell 34
Herakles trifft auf Prometheus 50
Herakles vergiftet seine Pfeile 135
Herakles von Athene geschützt 59, 132
Herakles wird unsterblich 151
Hermes (Glossar) 209
Hermes bringt Persephone zu Demeter 27
Hermes erfindet Leier 60
Hermes gibt Leier an Apollon 63
Hermes schenkt Herakles Schwert 59
Hermes stiehlt Kuhherde 60
Hermes treibt Rinder zur Küste 136
Hermes und Aigipan retten Zeus 112
Hermes und seine Jugend 60
Hermes, Zeus und Poseidon bei Hyrieus 142
Hesperiden (Glossar) 209
Hesperiden bewachen heiligen Baum 49
Hilaeira (Glossar) 209
Hippodameia (Glossar) 209
Hippodameia von Pelops umworben 127
Hydra und ihre Gestalt 132

Hydra und ihre Herkunft 132
Hylonome, das Kentaurenmädchen 41
Hylonome und Kyllaros 41
Hymen (Glossar) 209
Hypnos (Glossar) 209
Hyrieus (Glossar) 209

I
Iapetos (Glossar) 210
Iasion (Glossar) 210
Iasion begegnet Demeter 36
Iasion wird von Zeus erschlagen 36
Idas (Glossar) 210
Ikarios (Glossar) 210
Ikarios keltert Wein 152
Ikarios wird erschlagen 152
Ino besticht Gesandte 141
Ino röstet Saatgut 141
Iphikles (Glossar) 210
Ixion (Glossar) 210
Ixion im Olymp 38
Ixion mordet heimtückisch 37
Ixion und Nephele 38
Ixions Bestrafung 38
Ixions Hochzeit mit Dia 37

K
Kadmos (Glossar) 210
Kadmos und Harmonia heiraten 34
Kallisto (Glossar) 210
Kallisto bringt Arkas zur Welt 14
Kallisto im Gefolge der Artemis 10
Kallisto und Zeus 14

Kallisto von Hera in Bärin verwandelt 14
Kassiopeia (Glossar) 210
Kassiopeia beleidigt Nereiden 91
Kastor (Glossar) 211
Kastor fällt im Kampf 130
Kastor und Polydeukes, ihre Jugend 67
Kastor und Polydeukes, verliebt 129
Kastor und Polydeukes am Olymp und im Hades 131
Kastor und Polydeukes kämpfen 130
Kedalion (Glossar) 211
Kedalion und Orion 147
Kentaur, ein Sohn Nepheles 38
Kentauren (Glossar) 211
Kentauren fliehen nach Süden 43
Kentauren, siehe Kyllaros, Hylonome, Chiron
Kentauren und ihre Herkunft 37
Kentauren und Lapithen 41
Kepheus (Glossar) 211
Kerberos (Glossar) 211
Kerberos' Geifer, giftiger Eisenhut 150
Kerberos, seine Herkunft und Gestalt 148
Kerberos und Charon bewachen Styx 148
Kerberos von Herakles in Ketten gelegt 150
Klymene (Glossar) 211
Klytämnestra (Glossar) 211
Koronis (Glossar) 211
Koronis ist Apollon untreu 81
Koronis und Apollon 81
Koronis von Apollon getötet 82
Kronos (Glossar) 211
Kronos als Hengst 77

Kronos und Philyra 74
Kronos und Philyra von Rhea ertappt 77
Kyane (Glossar) 212
Kyllaros, der schöne Kentaur 38
Kyllaros und Hylonome 41

L
Ladon (Glossar) 212
Ladon bewacht heiligen Baum 50
Ladon wird von Herakles getötet 53
Lapithen und Kentauren 41
Leda (Glossar) 212
Leda und Zeus 66
Lernäische Schlange 132
Linos (Glossar) 212
Lynkeus (Glossar) 212

M
Maia (Glossar) 212
Mainaden (Glossar) 212
Mainaden erschlagen Orpheus 65
Medusa (Glossar) 212
Medusa bringt Chrysaor zur Welt 105
Medusa bringt Pegasos zur Welt 105
Medusa und ihre frühere Schönheit 103
Medusa von Perseus enthauptet 104
Medusenhaupt läßt Korallen entstehen 95
Medusenhaupt versteinert Krieger 99
Merope (Glossar) 212
Merope wird von Orion verführt 144
Minos (Glossar) 213
Minos von Zeus als Sohn legitimiert 19
Minotauros (Glossar) 213

Register mythologischer Gestalten

Minotauros wird von Theseus erstochen 20
Moiren (Glossar) 213
Molorchos (Glossar) 213
Morpheus (Glossar) 213
Musen (Glossar) 213
Myrtilos (Glossar) 213
Myrtilos lockert Räder 128
Myrtilos von Pelops ins Meer gestoßen 129

N
Najaden (Glossar) 213
Nemeischer Löwe und seine Herkunft 29
Nephele (Glossar) 213
Nephele bringt Kentaur zur Welt 38
Nephele und Athamas 140
Nephele und Ixion 38
Nereiden von Kassiopeia beleidigt 91
Nereus (Glossar) 213
Nereus ringt mit Herakles 50
Nymphen (Glossar) 214

O
Oinomaos (Glossar) 214
Oinomaos erfährt Orakelspruch 126
Oinomaos und seine berühmten Gestüte 126
Oinomaos verunglückt 128
Oinopion (Glossar) 214
Okeaniden (Glossar) 214
Okeanos (Glossar) 214
Okyrrhoe (Glossar) 214
Orion (Glossar) 214
Orion als Begleiter der Artemis 144
Orion erfährt Orakelspruch 144

Orion ist der Erdgeborene 144
Orion stirbt durch Skorpion 80
Orion und Artemis 79
Orion und die Pleiaden 80
Orion und Kedalion 147
Orion und Eos 80
Orion verführt Merope 144
Orion von Eos entführt 147
Orion wird grausam geblendet 144
Orions Herkunft und Kindheit 143
Orions Jagdlust 80
Orions Tod 147
Orpheus (Glossar) 214
Orpheus begegnet Eurydike 63
Orpheus erhält Leier von Apollon 63
Orpheus steigt in die Unterwelt 64
Orpheus verliert Eurydike 65
Orthros (Glossar) 214

P
Pan (Glossar) 214
Pan baut vielstimmige Flöte 85
Pan und Syrinx 84
Pandora (Glossar) 214
Pandoras Erschaffung 72
Pegasos (Glossar) 215
Pegasos, das Flügelpferd 106
Pegasos entsteigt Medusa 105
Pegasos wird von Bellerophon gezähmt 106
Peirithoos heiratet Deidameia 42
Pelops (Glossar) 215
Pelops stößt Myrtilos ins Meer 129
Pelops und das Wagenrennen 127

Register mythologischer Gestalten

Pelops wirbt um Hippodameia 127
Persephone (Glossar) 215
Persephone und die Narzisse 22
Persephone und ihre Jugend 22
Persephone wird von Hades entführt 25
Perseus (Glossar) 215
Perseus enthauptet Medusa 104
Perseus flieht mit Medusen-Haupt 105
Perseus heiratet Andromeda 95
Perseus kommt zu Graien 104
Perseus rettet Andromeda 92
Perseus sucht Gorgonen 100
Perseus tötet Akrisios 106
Perseus und Danae gerettet 125
Perseus und Danae im Meer 125
Perseus und seine Jugend 100
Perseus versteinert Polydektes 105
Perseus von Athene beschützt 103
Perseus von Danae geboren 124
Phaethon (Glossar) 215
Phaethon fährt Sonnenwagen 10
Phaethon wird von Zeus getötet 13
Philomelos (Glossar) 215
Philyra (Glossar) 215
Philyra bringt Chiron zur Welt 77
Philyra und Kronos 74
Philyra und Kronos von Rhea ertappt 77
Philyra verwandelt sich in Linde 77
Phineus (Glossar) 216
Phineus überfällt Hochzeitsgäste 96
Phoibe (Glossar) 216
Phrixos und Helle werden gerettet 141
Pleiaden (Glossar) 216

Pleiaden und Orion 80
Plutos (Glossar) 216
Polydektes (Glossar) 216
Polydektes wird von Perseus versteinert 105
Polydeukes (Glossar) 216
Polydeukes und Kastor, ihre Jugend 67
Polydeukes und Kastor, verliebt 129
Polydeukes und Kastor am Olymp und im Hades 131
Polydeukes und Kastor kämpfen 130
Poseidon (Glossar) 216
Poseidon legitimiert Theseus als Sohn 19
Poseidon sendet Meeresungeheuer 91
Poseidon, Zeus und Hermes bei Hyrieus 142
Proitos (Glossar) 216
Prometheus (Glossar) 216
Prometheus bringt Feuer 72
Prometheus erschafft Menschen 71
Prometheus täuscht Zeus 71
Prometheus von Zeus' Adler zerfleischt 73
Prometheus wird von Zeus bestraft 73

R
Rhadamanthys (Glossar) 217
Rhea (Glossar) 217
Rhea ertappt Kronos und Philyra 77

S
Sarpedon (Glossar) 217
Satyr (Glossar) 217
Selene (Glossar) 217
Silen (Glossar) 217
Syrinx (Glossar) 217

Syrinx und Pan 84
Syrinx verwandelt sich 85

T
Tartaros (Glossar) 217
Teiresias (Glossar) 218
Teiresias sagt Heldentaten vorher 58
Tethys (Glossar) 218
Thanatos (Glossar) 218
Themis (Glossar) 218
Theseus (Glossar) 218
Theseus befreit Deidameia 42
Theseus entführt Helena 68
Theseus ersticht den Minotauros 20
Theseus verläßt Ariadne 21
Theseus verliebt sich in Ariadne 20
Theseus von Poseidon als Sohn legitimiert 19
Theseus will Minotauros töten 19
Thetis (Glossar) 218
Titanen (Glossar) 218
Tros (Glossar) 218
Tyndareos (Glossar) 218
Typhon (Glossar) 218
Typhon liegt unter Ätna begraben 112
Typhon raubt Sehnen des Zeus 112
Typhon ringt mit Zeus 111
Typhon will Zeus entmachten 108

U
Uranos (Glossar) 219

W
Weinlesefest 155
Weinstock, siehe Dionysos

Z
Zephir (Glossar) 219
Zeus (Glossar) 219
Zeus' Adler zerfleischt Prometheus 73
Zeus als Amphitryon 55
Zeus als goldener Regen 124
Zeus als Kuckuck 113
Zeus als Schwan 67
Zeus als Stier 136
Zeus befiehlt, Sonnenfeuer zu löschen 55
Zeus entführt Europa 139
Zeus entführt Ganymed 114
Zeus erschlägt Iasion 36
Zeus legitimiert Minos als Sohn 19
Zeus, Poseidon und Hermes bei Hyrieus 142
Zeus ringt mit Typhon 111
Zeus straft Prometheus 73
Zeus tötet Phaethon 13
Zeus und Alkmene 55
Zeus und Danae 124
Zeus und Europa 136
Zeus und Ganymed 114
Zeus und Hera, Hochzeitsnacht 113
Zeus und Kallisto 14
Zeus und Leda 66
Zeus von Prometheus getäuscht 71
Zeus wird der Sehnen beraubt 112

Springer Astronomie

Gerhard Fasching

Sternbilder und ihre Mythen

Dritte, erweiterte Auflage
1998. VIII, 379 Seiten. 101 Abbildungen. 54 Tabellen.
Gebunden DM 78,–, öS 546,–. ISBN 3-211-83026-X

„… Wem bei seinen philosophischen Höhenflügen allerdings die einfachsten Grundlagen fehlen, wer sich am Himmel ähnlich zurechtfindet wie ein Amazonasindianer im Großstadtverkehr, dem seien die ‚Sternbilder und ihre Mythen' ans Herz gelegt … Da werden Wegweiser-Sternkarten für das ganze Jahr gezeigt, die auch einem astronomischen Ignoranten die nächtliche Orientierung ermöglichen …"

Die Zeit

„… ‚Sternbilder und ihre Mythen' ist ein unkonventionelles Buch, das sich bemüht, das Universum nicht in Zahlen aufzulösen, sondern … himmelsnahe Astronomie zu betreiben. Wer sich das Gefühl für die Faszination des nächtlichen Himmels bewahrt hat und die Mythologie schätzt, wird damit große Freude haben …"

Wiener Zeitung

„… Das Buch ist eine gelungene Zusammenstellung vielfältiger Interpretationen und Mythen um die Sternbilder. Sie ist verständlich geschrieben und ist damit auch für den Laien äußerst interessant."

Reviews of Astronomical Tools

Springer Wien NewYork

Sachsenplatz 4–6, P.O.Box 89, A-1201 Wien, Fax +43-1-330 24 26, e-mail: books@springer.at, Internet: www.springer.at
New York, NY 10010, 175 Fifth Avenue • D-69121 Heidelberg, Tiergartenstraße 17 • Tokyo 113, 3–13, Hongo 3-chome, Bunkyo-ku

SpringerTechnik

Gerhard Fasching

Werkstoffe für die Elektrotechnik

Mikrophysik, Struktur, Eigenschaften

Dritte, verbesserte und erweiterte Auflage
1994. 398 Abbildungen. XXI, 678 Seiten.
Gebunden DM 140,–, öS 980,–. ISBN 3-211-82610-6

Die dritte, völlig neubearbeitete Auflage dieses bewährten Lehrbuches bietet eine moderne Einführung in die Grundlagen der Werkstoffwissenschaften. Das Buch stellt in zwei Teilen den Aufbau der Stoffe sowie die Werkstoffeigenschaften dar. Mechanische und thermische Werkstoffeigenschaften, elektrische Eigenschaften der Halbleiter, der Metalle und der Isolatoren sowie magnetische Werkstoffeigenschaften werden ausführlich behandelt.

Gerhard Fasching et al.

Werkstoffe für die Elektrotechnik

Aufgabensammlung

Zweite, verbesserte Auflage
1995. 18 Abbildungen. 83 Seiten.
Broschiert DM 28,–, öS 190,–. ISBN 3-211-82684-X

Diese Aufgabensammlung bezieht sich auf Themenkreise aus dem Gebiet der Werkstoffwissenschaften, die für Anwendungen im Bereich der Elektrotechnik und Elektronik von grundlegender Bedeutung sind. Die Themenauswahl überstreicht die einfachsten Grundbegriffe der Mikrophysik und den Aufbau der Stoffe, beleuchtet metallische, nichtmetallische und organische Werkstoffe und wendet sich den mechanischen, thermischen, elektrischen und magnetischen Werkstoffeigenschaften zu.

SpringerWienNewYork

Sachsenplatz 4–6, P.O.Box 89, A-1201 Wien, Fax +43-1-330 24 26, e-mail: books@springer.at, Internet: www.springer.at
New York, NY 10010, 175 Fifth Avenue • D-69121 Heidelberg, Tiergartenstraße 17 • Tokyo 113, 3–13, Hongo 3-chome, Bunkyo-ku

Springer Wissenschaftsphilosophie

Gerhard Fasching

Das Kaleidoskop der Wirklichkeiten

Über die Relativität naturwissenschaftlicher Erkenntnis

Mit einem Geleitwort von Hans-Peter Dürr
1999. XV, 239 Seiten. 38 Abbildungen.
Gebunden DM 48,–, öS 336,–. ISBN 3-211-83390-0

Ähnlich wie die Artenvielfalt für die dynamische Stabilität des Biosystems wesentlich ist, so ist für die Zukunftsfähigkeit des Menschen die kulturelle Vielfalt wichtig. In der Vielfalt der Kulturen spiegelt sich mehr vom Wesen der „eigentlichen Wirklichkeit" wider als in jeder einzelnen Kultur, die jeweils nur einer bestimmten Wahrnehmung den Vorzug gibt.

Aus dem Geleitwort von Hans-Peter Dürr

Ein zentrales Anliegen von Gerhard Fasching ist ein Denken, welches in einen Wirklichkeitspluralismus mündet. Unser monokulturelles Wirklichkeitsverständnis hat nämlich schon viele Wirklichkeiten unserer eigenen Kultur und fremder Kulturen mißachtet und dadurch verloren. Unser humanistisches Weltbild benötigt also ein breiteres Fundament. Das Buch findet zu einem überraschenden Ergebnis: Man selbst gehört nicht zur Wirklichkeit, sondern man steht stets außerhalb jeder Wirklichkeit.

SpringerWienNewYork

Sachsenplatz 4–6, P.O.Box 89, A-1201 Wien, Fax +43-1-330 24 26, e-mail: books@springer.at, Internet: www.springer.at
New York, NY 10010, 175 Fifth Avenue • D-69121 Heidelberg, Tiergartenstraße 17 • Tokyo 113, 3–13, Hongo 3-chome, Bunkyo-ku

Springer Wissenschaftsphilosophie

Gerhard Fasching

Phänomene der Wirklichkeit

Okkulte und naturwissenschaftliche Weltbilder

2000. Etwa 314 Seiten. Etwa 40 Abbildungen.
Gebunden etwa DM 58,–, öS 406,–
ISBN 3-211-83459-1. In Vorbereitung

„Phänomene der Wirklichkeit" ist eine Sammlung beispielhafter Weltbilder, die die Bedeutung des Wirklichkeits-Pluralismus, wie ihn der Autor im „Kaleidoskop der Wirklichkeiten" dargestellt hat, näher illustrieren. Die angeführten Beispiele lassen die Vielfalt der möglichen Weltbilder ahnen.

Der Bogen reicht von unterschiedlichen Farbwirklichkeiten, dargestellt anhand von Goethes und Newtons Farbenlehre, über die traditionelle Chinesische Medizin, die verschiedenen Wirklichkeiten in der japanischen Rashomon Erzählung, die magischen und schamanistischen Praktiken in Griechenland und im Vorderen Orient bis hin zu totalitären Wirklichkeiten.

Diese Beispiele machen deutlich, daß die vermeintliche Sicherheit, die Wirklichkeiten oft ausstrahlen, immer nur eine Illusion ist. Eine absolute Wirklichkeit gibt es nicht – nicht im Glauben, nicht in der Kultur und nicht in der Wissenschaft.

 Springer WienNewYork

Sachsenplatz 4–6, P.O.Box 89, A-1201 Wien, Fax +43-1-330 24 26, e-mail: books@springer.at, Internet: www.springer.at
New York, NY 10010, 175 Fifth Avenue • D-69121 Heidelberg, Tiergartenstraße 17 • Tokyo 113, 3–13, Hongo 3-chome, Bunkyo-ku

MIX
Papier aus verantwortungsvollen Quellen
Paper from responsible sources
FSC® C105338

If you have any concerns about our products,
you can contact us on
ProductSafety@springernature.com

In case Publisher is established outside the EU,
the EU authorized representative is:
**Springer Nature Customer Service Center GmbH
Europaplatz 3, 69115 Heidelberg, Germany**

Printed by Libri Plureos GmbH
in Hamburg, Germany